강아지와 행복한

애견 유치원
성공 노하우

강아지와 행복한
애견 유치원 성공 노하우

초판 1쇄 인쇄일 2024년 4월 15일
초판 1쇄 발행일 2024년 4월 22일

지은이 김가현
펴낸이 양옥매
디자인 송다희 표지혜
교　정 김민정
마케팅 송용호

펴낸곳 도서출판 책과나무
출판등록 제2012-000376
주소 서울특별시 마포구 방울내로 79 이노빌딩 302호
대표전화 02.372.1537　**팩스** 02.372.1538
이메일 booknamu2007@naver.com
홈페이지 www.booknamu.com
ISBN 979-11-6752-469-0(03490)

애견 유치원

강아지와 행복한

성공 노하우

김가현 · 지음

책과나무

'고마워 복실아'
항상 두 팔 걷고 도와주는 고마운 인연들

애견 유치원 선생님처럼 하루에 많은 강아지를 만나는 업종도 없을 것이다. 많은 강아지들을 한 공간에서 돌보면서 다양한 성격, 습관을 관찰하며 강아지를 파악하는 눈썰미를 터득했고, 매일 한 가정 한 가정 상담을 통해 개엄마, 개아빠의 현실적인 고민에 대해 공유할 수 있었다.

이 책에는 사소한 고민일 수 있지만 누구 하나 명확한 답을 들려주지 못했던 애견 유치원 고르는 방법부터, 반려견 업종을 창업하고 싶은 사람들에게 줄 수 있는 현실적인 조언을 담았다.

고마워복실아는 두 원장이 고민하고 직접 공사에 참여하여 2018년 3월에 개원을 하였다. 김은아 대표 원장은 시각디자인을 전공하고, 국내를 대표하는 영유아교육기업에서 어린이를 위한 교육패키지 기획 및 디자인 경험이 있으며, 어린이 유치원 원장과 부모님들과의 다양한 교류 경험을 바탕으로 지금의 고마워복실아를 구상했다. 김가현 부원장은 에밀리카 미술대학에서 산업디자인을 전공하고, 국내 대형 건설사의 시설물 디자인 및 공공기관의 다양한 프로젝트 경험을 쌓아 2016년 국내 시설물 업계 최초로 반려견 공공시설물 브랜드를 기획 및 디자인하여 런칭하였다. 두 원장은 각자의 경험과 경력을 담아 고마워복실아를 스케치하며, 수천 개의 벽 타일과 화장실 스위치까지 직접 발주하여 지금의 애견 유치원을 만들었다. 유치원 안의 컨텐츠는 모두 고심하고 고민한 흔적이다. 그만큼 전주에 있는 고마워복실아는 두 원장의 애정 어린 손길로 만들어진 첫 애견 유치원이자, 많은 강아지들과의 소중한 추억이 함께하는 곳이다.

시끄러운 뽕망치 하나면 강아지의 짖음을 통제할 수 있을 줄 알았던 초보 선생님에서 강아지의 행동학을 공부하고 매일 많은 강아지들을 관찰하며 교육에 반영하는 훈련사가 되기까지 정말 많은 우여곡절이 있었다. 지금은 교육형 유치원이라는 콘셉트에 걸맞게 '고마워복실아'의 강아지들에게 경계 없이 편안하고 즐거운 애견 유치원 생활을 제공한다. 노하우라면 오늘 유치원에서 경험했던 강아지의 행동을 매일 관찰하고 분석하고 고민하는 것, 그리고 그 강아지가 다음날 내가 원하는 행동을 해낼 수 있도록 공부하며 노력하는 것이다.

마지막으로 무슨 일이 생기면 두 팔을 걷어붙이고 뚝딱뚝딱 해결해 주었던 원생 엄마 아빠들이 있었기에 지금의 고마워복실아가 있을 수 있었다. 더 성숙할 수 있도록 도와주신 모든 분들께 감사를 드리고 싶다.

2024년 4월

김가현 원장

예비 창업자를 위한 이야기

반려견 보호자를 위한 이야기

반려견 선생님 이전에 나도 일반인이었다

어렸을 때부터 가족들 중 유난히 동물을 좋아했다. 꼭 기르고 싶던 견종이 하나 생겼을 무렵, 캐나다에 밴쿠버에 있는 디자인 대학에 진학을 했다. 그곳에서 '반려견 문화'를 맨 처음 경험한 기억은 잊을 수가 없다.

왜 이 나라에 있는 강아지는 이렇게 평화로울까?

큰 공원을 강아지와 여유롭게 걸어 다닐 수 있는 산책은 '이 나라의 그저 평화로운 분위기' 때문일까? 혹은 무슨 '한국과 다른 대기 속의 마법'이라도 있는 것일까?

내 옆을 지나는 개도 사람도 그저 여유롭고 평화로운 산책은 내가 익히 봤던 한국의 반려동물 문화와 너무나도 달랐다. 개를 보며 무심히 지나치는 사람도 산책시키는

나의 든든한 반려견이자 스태프가 되어 준 타미

사람도 서로가 서로의 배경인 듯 스쳐 지나갈 뿐이었다.
벌써 많은 시간이 흘렀지만 아직도 한국의 반려동물 문화
는 여전히 그곳과 다르다.

대학을 졸업한 후, 유명 반려견 브랜드에 입사를 하고,
그 경험을 바탕으로 직접 브랜드를 런칭하여 해외 경험
을 쌓아 보기도 했다. 나의 마지막 회사 생활은 국내 대

내가 디자인한 시설물에서 놀고 있는 나의 반려견 레이나와 타미

표 시설물업체였는데, 반려견 시설물로 프리젠테이션을 했던 나의 포부를 높게 산 대표 덕분에 많은 꿈을 펼쳐 볼 수 있었다. 그 중 가장 컸던 프로젝트는, 국내 최초로 반려견과 보호자가 교감할 수 있는 시설을 기획, 디자인을 하여 Waalo라는 브랜드를 런칭한 것이다. 하지만 조금 이른 프로젝트였다. 한 대형 건설사의 반려 가정을 위한 아파트 단지 조성에 러브콜도 들어와 프로젝트를 2년간 지속했지만, 아직은 시기상조라는 말로 무산이 되는 일도 있었다.

어느 날은 서울의 한 부촌 아파트 앞에 반려견 놀이터

가 개장이 되면서 내 브랜드 Waalo의 시설물이 설치되었었다. 하지만 바로 다음날 주민들의 반대로 (24시간도 안되어) 철거되는 일도 있었다. 몇 개월 간 공들여 만들고 설치되었던 반려견 놀이터와 시설이 하루아침에 철거된 것이다. 이때가 나의 인생 전환점이 되었던 것 같다. 아직은 우리나라에서 이 반려견 문화를 일반인들 사이에 자리잡게 하기에는 인식이 많이 부족한 것일까. 나는 다른 방법으로 반려동물들과 함께 할 수 있는 일에 대한 고민을 하게 되었다. 이제까지 쌓아 온 디자인 커리어가 아쉬울 수 있다는 생각도 잠시, 나는 다른 길을 걸어 보기로 했다. 조금은 늦은 나이에 새내기 훈련사가 되어 반려동물을 다른 시각으로 바라보고 내가 할 수 있는 일에 대한 고민을 했다. 그리고 이제 나름의 노하우로 반려 문화 개선에 도움을 줄 수 있는 지식을 쌓게 되었고, 경험을 나눌 수 있게 되었다.

———
＊

예비 창업자를 위한 이야기

1

반려견 업종 창업 전의
마음가짐

당신은 강아지와 동반 출근을 꿈꾸는가　🐾

'어차피 나도 반려견 기르고 있는데, 내 강아지도 강아지 친구들 좋아하니… 한번 나도, 반려견 업종 창업해 볼까?' 이런 생각을 해 보는 사람들이 많이 있을 것이라고 생각한다. 주변에 오픈한 매장들을 보면 진입이 쉬워 보이고, 특별히 전문성이 없어도 낮은 자본금과 강아지를 사랑하는 마음으로 운영하면 될 것 같다는 막연한 생각도 있을 것이다.

특히 반려견 관련 업종으로 개업하여 내 강아지와 함께 출근하면 행복할 거라 생각을 하는 경우들이 더러 있다.

어쩌면 강아지를 위한다는 마음은 핑계일 뿐, 단순히 내가 강아지와 함께 있고 싶어서가 아닌지 생각해 보는 것이 좋을 것이다.

왜냐하면,

시작은 로망일 수 있으나, 현실은 그렇지 않다.

다른 강아지나 사람들의 출입이 잦은 사업 공간은 내 강아지에게 큰 스트레스로 다가올 수 있다. '나'보다 '다른 강아지'를 돌보는 내 가족을 매 시간 지켜봐야 하는 강아지를 생각하면 사실 못할 일이다. 엄마가 혹은 아빠가 '내 사료 값을 위해 돈을 버느라 고생이구나.'라는 생각을 개들은 할 수 없기 때문이다.

내 강아지에게 친구를 만들어 주고 싶고, 개와 함께 있으면 더 행복할 거라는 마음에 시작하는 사업이라면 시작이 잘못되었을 수 있다. 물론 순수하게 사업성을 고려하고 시작하는 사업이라면 이야기가 다를 수 있다. 하지만 자신의 반려견이 사업장에 등장하는 순간, 내 강아지의 '행복'을 위해서는 여러 철저한 준비가 필요하다는 것도 이해하고 사업을 계획했으면 한다.

사업을 준비하는 사장님에게 겁을 주는 이야기가 될 수 있겠지만, 관련 사업에 대한 정보가 없이 시작할 예비 창업자들에게 도움이 되고자 한다.

2

반려견 위탁 시설 창업을 위해
필요한 것

✳

메인 업종 정하기

애견 카페? 유치원 단독 운영 혹은 호텔 병행 🐾

애견 카페만 할지 위탁업(유치원, 호텔)도 같이 할지 고민이라면 주 고객이 일반 손님일지 반려견을 위탁할 가정일지 가장 큰 틀이 먼저 정해져야 한다. 종종 주 타겟층이 없이 카페와 유치원을 한꺼번에 운영을 하다 번아웃이 되거나, 향후 카페를 정리하고 유치원으로 전향하는 케이스도 상당수 봤다. 만약 처음부터 카페를 운영하지 않는다면 불필요한 카페 동선을 유치원 동선으로 활용할 수 있을 것이고, 가구나 집기 등의 비용도 절감할 수 있을 것이니 꼭 창업 전 결정해야 할 틀이다.

애견 카페형 위탁을 추천하지 않는 이유 – 하나의 장소에 목적이 다른 3가지 유형을 모두 아우르기 어렵다.

애견 카페도 운영해 봤던 나의 입장에서는 카페를 방문하는 손님과 위탁 가정을 모두 만족시키기 어렵다는 것을 아주 잘 알고 있다. (1) 반려견을 동반하지 않은 일반 손님의 경우 강아지를 구경하며 만지고 싶어하고, (2) 반려견을 동반한 손님은 음료를 마시는 동안 강아지를 풀어 놓는 것이 목적이고, (3)반려견을 위탁하는 가정에서는 안전하고 올바른 관리를 받기 바라는 입장이기 때문이다 (그 중에 손님이 내 강아지를 만지지 않았으면 하는 가정도 있다).

애견 카페형 사업을 염두하고 있다면 (3)번의 위탁 금액을 최저가로 잡게 된다. 위탁 가정에서도 질 좋은 케어보다는 가성비에 비중을 두고 선택하게 될 것이다. 이렇게 가성비로 모인 (3)번의 고정 방문 강아지들로 인해 (1)번과 (2)번의 손님이 원하는 강아지 많은 애견 카페가 될 수 있다. 음료값을 벌 수 있고, 입장료도 받을 수 있고,

동반한 강아지의 이름을 컵홀더에 적어 주는 모습

위탁비까지 받을 수 있는 애견 카페는 예비 창업주에게 솔깃한 제안일 수 있지만, 이미 이와 같은 형태의 업체는 과잉이기 때문에 추천하지 않는 편이다. 교육을 중시하는 반려견 보호자들은 이와 같은 '동물원'형 애견 카페를 선호하지 않는다.

특히 이런 위탁형 애견 카페의 경우 쉬는 시간을 가지기 어려운 구조이기 때문에 종일 근무하는 근무자의 복지에도 좋지 않다.

그렇다면 유치원과 호텔만 운영하면 되지 않을까? 🐾

유치원을 함께 운영할 수도 있지만, 유치원만 운영할 수도, 호텔만 운영하는 것도 가능하다. 여러 가지 방법이 있을 수 있는데 일단 유치원만 운영하는 경우엔 공휴일과 주말을 휴무일로 둘 수 있다는 큰 장점이 있다. 반려견을 유치원에 위탁하는 대부분의 가정은 출퇴근 시의 돌봄에 중점을 두고 있기 때문에 상대적으로 공휴일에는 등원을 하지 않는 경우가 많기 때문이다. 실제로 수많은 반려견들을 관리하다 보면 휴식과 리프레쉬를 할 수 있는 휴무일이 매우 중요하다. 어느 요일, 어느 때를 휴무일로 정할 지도 중요한 문제이다.

유치원과 호텔을 함께 운영한다면 휴무일인 공휴일 수입을 호텔 수입으로 채울 수 있겠지만, 요즘 인건비가 많이 오른 만큼 무엇이 득이 될지는 곰곰이 생각해 봐야 한다. 단순히 인건비만 따질 것이 아니라, 오너가 쉬는 날에도 믿고 맡길 수 있는 고정 직원이 항시 존재할 수 있는지도 고민해 봐야 한다.

호텔만 운영하는 것이 가능할까? 🐾

충분히 가능한 사례를 많이 보았다. 특히 호텔만 운영한다는 것은 고정적으로 찾아오는 위탁 손님이 있어야 하므로 유명 관광지 인근이나 수도권 중심, 혹은 공항 옆과 같은 곳이라면 충분히 승산이 있다. 호텔만 운영할 경우 주된 손님들의 니즈를 파악하여, 부가 서비스로 제공할 수 있는 것들을 고민할 필요가 있다(산책, 사회성 부족한 강아지 대처, 장박 위생 케어 등). 호텔만 운영하는 곳을 찾아오는 손님의 목적은 유치원이나 애견 카페를 함께 운영하는 곳을 찾는 손님과는 목적이 다르기 때문이다.

✳

위탁견의 기준과 시설 규모

위탁받을 강아지의 기준을 정하는 방법은 많지만, 그 중 대표적인 것은 견종이나 몸무게 등의 제한 기준을 정하는 것이다.

① 위탁 공간 크기

중대형견을 위탁받을 경우 중소형견과 활동 공간을 분리해야 하고, 큰 체급으로 인해 마릿수가 소형견에 비해 상대적으로 적다고 하더라도 더 넓은 활동 공간을 필요로 하게 된다.

② 고정 인력 수

공간이 중소형견과 중대형견으로 나뉜다는 것은 각 공간에 최소 한 명 이상의 인력이 필요하다는 의미이므로, 인건비에 대한 부분을 고려해서라도 중대형견을 받는 것이 가능할지를 해당 지역의 중대형견 비중을 보고 판단하는 것이 바람직하다.

③ 시설과 청결 유지

7년 동안 대형견을 위탁받은 경험으로 봤을 때, 작은 강아지들이 활동했던 공간과 달리, 중대형견이 활동했던 공간은 시설의 노후가 빨리 오는 편이다. 중대형견 공간은 6개월~1년 주기로 시설 보수를 하는 편이었다. 날이 선선하고 건조한 가을과 겨울에는 비교적 나은 편이지만, 습도가 높고 더운 여름철에는 대형견의 몸에서 나는 체취가 강해진다. 매일 청소를 하더라도 배변의 양이 워낙 많기 때문에 바닥에서 악취가 날 수 있으므로, 이에 알맞게 청소하는 노하우가 필요하다.

④ 연령대와 몸무게 제한 여부

아무리 소형견끼리만 활동한다고 해도 1~3kg과 5kg

이상의 반려견이 같을 수는 없다. 또 나이가 많은 반려견은 반사 신경이 더욱 떨어지기 때문에 활발한 강아지들과 함께 활동할 때 불안한 부분이 있다. 때문에 안전상 연령 제한을 두거나 몸무게 제한을 두며 운영하는 위탁 시설도 많은데, 점점 늘어나는 고령의 반려견을 타겟으로 콘셉트를 잡는 것도 시대 흐름에 맞는 좋은 선택일 수 있다.

⑤ 인테리어와 시설의 방향성

위탁받을 반려견의 기준에 따라 계단이나 앉음벽과 같은 것을 인테리어에 어떻게 적용할지, 혹은 없는 것이 나을지 고려해야 하고, 시설의 크기와 종류도 달라질 수 있다. 반려견을 케어하는 곳에서는 어린 강아지들이 시설을 갉거나 씹을 경우를 염두해야 하고, 시설의 틈새로 끼이거나 빠지는 일이 없도록 안전사고 예방에 신경을 써야 한다. 인테리어의 일부로 만들어진 시설은 사용을 원치 않아도 철거하기 어렵기 때문에 설정한 반려견 기준(반려견의 키, 점프하는 높이, 체중 등)을 최종 검토하고 인테리어를 시공하는 것이 좋다.

✳

금액과 전문성의 균형

～～～～～～～～～

　카페형 위탁 시설의 박리다매는 더 이상 요즘 트렌드가
아니다. 실내형 애견 카페뿐이었던 2010년대에는 탁 트
인 실내에 테이블과 의자만 있으면 될 정도로 비교적 접
근이 쉬웠지만, 이미 그 시장은 레드오션이 된 지 오래고
찾는 소비자도 드물다.

　다양한 SNS와 반려견 채널에서 많은 지식을 접하는 요
즘은 위탁 가정의 눈높이가 높아졌기 때문에, 저렴한 금
액과 저품질 서비스로 박리다매를 노리기보다 전문성을
가지고 프리미엄화하면서도, 서비스와 금액의 균형이 합

리적인 것이 요즘 트렌드에 맞다.

특히 위탁 가정에서 위탁 기간 동안 요청하는 투약이나 기본 관리 등 필수 요구 사항도 다양해졌기 때문에 그 요구에 불만을 갖기보다는 합당한 금액을 책정하고 보호자의 요구를 수용하는 방향으로 나아가야 한다. 가장 저렴한 애견 카페형 업체는 유치원 종일 위탁이 1만원 넘는 정도, 호텔링은 2만원이다. 저렴한 만큼 적은 인력으로 운영되다 보니, 그만큼 세심한 돌봄이 이루어지기 힘들다. 초심은 그렇지 않더라도 저비용에 매몰되다 보면 운영자의 의욕을 저하시켜 저비용만큼만 관리하는 것을 많이 보았다. 박리다매는 인근에 있는 동종 업계와 깎아먹기를 하는 가격 경쟁이 되거나 본전을 생각하게 되는 오너의 입장에서 정신적 고통이 될 수 있다. 이 업종을 오래 운영하고자 한다면 합리적인 금액 책정을 위해 심사숙고해야 한다.

적정한 금액에서는 운영자가 원하는 고객 층이 찾아올 수 있지만, 무리하게 책정한 저렴한 금액 대에서는 더 저렴한 것을 원하는 고객만 찾아와 의도치 않게 서비스의 질을 높이려 해도 높일 수 없다.

✳

운영 방식과 직원의 비중

반려견을 대상으로 하는 사업은 어떤 방식으로 운영할 것인지가 정말 중요하다. 사람 손님이 주가 되는 영업점들은(물론 전문도에 따라 다르겠지만) 비교적 쉽게 아르바이트생의 채용이 가능하고, 상황에 따라 인력 한두 명이 바쁘게 일을 메울 수도 있을 것이다. 하지만 애견 유치원을 전문적으로 운영할 생각이라면 상황이 많이 다르다.

창업주인 내가 혼자 운영할 것인지, 부부 혹은 커플이 함께 운영할 것인지, 직원을 채용해 운영을 온전히 맡길

지, 직원의 비중을 어느 정도 둘지에 따라 앞으로 선정할 사업장의 규모와 콘셉트가 많이 달라질 수 있다.

단편적으로 예를 들어서, 1인 숍을 할 경우에는 작은 사업장에서 소규모 정원제로 하여 프리미엄 위탁 서비스를 할 수 있고, 2인이 함께 고정적으로 운영을 한다면 상황에 따라 직원은 서브로 채용하는 것이 나을 수 있다. 어느 순간 서브로 근무하는 직원이 퇴사를 하더라도 해당 규모와 반려견이 두 사람의 전문성으로 관리가 될 수 있도록 직원의 비중과 업무의 난이도, 운영 방식을 고민해 볼 필요가 있다.

직원의 비중이 다소 높게 설정이 되었더라도, 전문적인 사항(고객 상담, 교육 사항, 대표 활동 등)은 원장이 모두 세심하게 알아야 고객도 믿고 위탁할 수 있고, 직원의 퇴사에도 사업장이 큰 영향을 받지 않을 수 있다.

많은 창업자가 이 부분을 간과할 수 있는데 1~2년 운영할 것이 아니라면, 꼭! 매장의 규모를 설정하기 전에 인력 운용에 대한 부분을 먼저 고려하길 바란다. 인건비가 전부인 애견 유치원은 이 부분을 꼭 짚고 넘어가야 한다.

✳

성공하는 위치 정하는 방법

1. 상가 선택 시 주의사항 ✏️

신규 창업이라면 규모의 설정과 실내 구조는 정말 중요한 사항이다. 기존에 시설이 설치된 곳을 인수한다면 창업 비용을 줄일 수 있겠지만, 창업주가 하고자 하는 콘셉트와 맞지 않은 규모나 구조일 수 있다. 만약 인수할 예정인 곳이 있다면 해당 사업장이 운영 중일 때 손님으로 방문하여 이미 형성된 해당 업장의 이미지와 매출의 정도를 짐작해 보는 것도 중요하다.

이미 애견 유치원은 경쟁이 과잉된 업종인 만큼 매년
트렌드가 빨리 변화하고 있다.

- **초기 단계** : 최소 자본, 넓은 실내형
- **초·중기 단계** : 실내 + 야외 테라스형(옥탑)
- **중기 단계(A)** : 실내 + 야외 잔디 공간(시외 1층)
- **중기 단계(B)** : 100평 이상의 실내 규모를 내세운 공간
- **현재** : 커리큘럼과 콘셉트가 중요한 시점

8년 차 애견 유치원을 운영하며 생겼다가 없어지는 업
체부터, 방향을 급히 바꾸는 업체, 달라지는 트렌드를 몸
소 겪으며 분석한 단계들이다.

현재 애견 유치원의 단계는 규모와 시설보다는 보호자
들이 원하는 요구 사항을 충족하는지가 가장 중요하다(이
부분에 대한 내용은 콘셉트 설정에서 자세히 다루도록 하겠
다). 때문에 무리하게 큰 평수로 설정하여 감당하기 어려
운 임대료, 인테리어 비용, 유지 관리비, 인건비 등의 어
려움을 겪지 않길 바란다.

예전과 달리 방문할 반려견 운동장도 많고, 넓으면서
시설 좋은 애견 카페도 많은 요즘, 보호자들은 자신의 반
려견을 매일 100평의 애견 유치원에 풀어 놓는 것만을 원

상가 계약 후 공사를 진행 중인 유치원(2017)

하지 않을 것이다. 내 강아지가 어떤 활동을 하는지, 올바른 경험을 하고 있는지에 중점을 두고 있기 때문에 규모에 대한 스트레스보다는 보호자들의 니즈를 파악하여 틈새를 파고들 수 있는 콘셉트 유치원을 만드는 것이 중요하다.

평수가 커질수록 유의 깊게 봐야 할 것은 사각지대의 여부이다. 구조가 'ㄱ' 자로 꺾인 구조는 공간을 분리하여 사용할 수 있지만 그만큼 인력을 더 필요로 할 수 있다. 최소 인력으로 운영할 유치원이라면 사각지대 없이 한눈에 들어오는 구조가 더 좋을 수 있다. CCTV가 있으면 되지 않냐고 물어볼 수 있겠지만, CCTV는 확인용이다.

강아지들과 활동하면서 모니터만 바라보는 상황은 있을
수 없다.

공간 분할 꼭 필요할까? 🐾

애견 유치원을 전문적으로 운영할 예정이라면, 중소형
견만 위탁하는 시설이라 하더라도 공간 분할을 하여 용도
에 맞게 활용하는 것을 추천한다. 특히 같은 체급이라 하
더라도 나이, 성향, 사회화 정도에 따라 활동성이 다르기
때문에 최소 2개의 공간으로 나누어 각 공간에 전문 인력
을 배치하는 것을 추천한다. 예를 들면, A그룹에는 3Kg
미만의 소형견, 소심한 성향의 강아지, 노견 등이 함께
활동하기 적합하고, B그룹으로는 활동성이 높은 강아지
들 위주로 나누어 돌볼 수 있다.

한 공간에 소심한 A와 에너지 넘치는 B그룹이 매일 함
께 있게 되면 보호받지 못하는 강아지가 발생하거나, 사
회성을 위해 방문한 유치원에서 부정적인 경험을 하게 될
우려가 있다.

야외 공간(테라스) 필요할까? 🐾

위탁될 강아지와 근무자의 휴식을 위해 야외 테라스는 필요하다. 주기적으로 위탁 강아지를 야외 공간으로 이동시켜 실외 배변을 유도할 수 있고, 테라스가 있는 곳은 실내 환기를 시키기에도 적합한 구조인 경우가 많다. 다만 야외 테라스가 있는 상가의 경우 높은 층에 위치한 경우가 많기 때문에 강아지들의 추락을 방지할 수 있는 안전장치가 필요할 것이다.

반려견 시설은 환기가 중요! 🐾

많은 반려견이 있는 공간은 환기가 정말 중요하다. 이 업종에 있을수록 장마철은 정말 피하고 싶은 계절 중 하나이다. 습도가 높은 여름은 아무리 깨끗하게 청소를 해도 공기 중의 습기가 분변 냄새를 머금고 있기 때문에 주기적인 환기를 해야만 청결한 환경을 유지할 수 있다.

반려견으로 인한 민원을 최소화할 수 있는 곳 🐾

호텔을 겸할 것이라면 주택가와 너무 인접한 곳은 피하는 것이 좋다. 사람들이 취침을 하는 늦은 시간이나 동트는 시간에 호텔에 있는 강아지가 짖는 경우 민원으로 인해 영업자와 주민 모두에게 스트레스가 될 수 있다. 뿐만 아니라 학원이 인접한 곳도 민원이 발생할 수 있으므로 피하는 것이 좋다.

보호자들의 픽업과 드랍이 수월한 곳 🐾

차량을 정차하기 어려운 곳을 피하고, 수도권의 경우 지하철역과 인접한 곳에 위치하는 것이 좋다.

피해야 할 곳 : 강아지들은 소리에 민감하기 때문에 소음이 많은 업종이 주변에 있는 곳은 피하는 것이 좋다(화물차 출입이 많은 곳, 카센터 등등). 차량의 통행이 많은 대로변은 임대료도 비쌀 뿐만 아니라 교통사고의 위험이 있을 수 있으므로 주의하는 것이 좋다.

2. 현장 탐문으로 얻을 수 있는 정보 🖊

애견 유치원을 위한 장소를 선정할 때만큼은, 내가 하고 싶은 유치원만 일방적으로 머릿속에 그리지 말자.

주변 환경을 객관적으로 분석하고, 고정 고객을 확보할 수 있는 곳인지 파악하는 것이 중요하다.

아무리 우리나라에 반려견을 키우는 가정이 많다고 해도 사는 지역이 골고루 퍼져 있는 것이 아니라 밀집되어 있는 동네가 따로 있기 마련이다. 이런 점을 고려해 출퇴근의 경로에 위치하여 등하원 하기에 유리한 곳을 선정하는 것이 중요하다.

현장 탐문을 통해 동물병원, 애견용품, 애견 미용, 애견 카페, 애견 유치원 등 관련 업종이 주변에 얼마나 분포되어 있는지를 알아보고, 해당 상권의 분위기를 살펴보는 것이 중요하다. 뿐만 아니라 시간대별로 산책하는 강아지의 수, 견종, 체급 등을 파악하고, 산책로나 공원 조성이 잘 되어 있는지 확인하는 것도 좋다.

어느 정도 상권이 형성되어 있는 곳에 자리를 잡게 된다면 맛집 옆에 두 번째 맛집과 같은 효과를 볼 수 있지만, 동종 업종이 너무 많이 밀집된 곳이라면 과잉 경쟁이 될 수 있다. 혹은 상권이 괜찮아 보이는 지역인데도 관련 업종이 별로 없는 경우라면 그럴 만한 이유가 있는지 잘 확인해 볼 필요가 있다.

애견 유치원이 현장 반경 3km 이내에 있다면 전화 상담 및 방문을 통하여 근무자들의 전문성, 제공되는 서비스, 금액대, 규정 등을 알아보는 것도 도움이 된다.

✳

인테리어 계획 시 반드시 주의해야 할 것들

1. 동선 및 수도 계획과 안전의 중요성 ✎

거두절미하고, 인테리어 회사에게 모든 것을 맡기고 '알아서 잘 해주겠지.'라고 생각하지 말자. 관련 업종을 경험해 본 사람이라면 하루에도 여러 번 반복되는 동선이 얼마나 중요한지를 안다. 경험이 없는 사람이라면 애견 카페나 출입이 가능한 애견 유치원을 여러 곳 방문하여 근무자들의 주된 동선, 배수 시설, 수도의 위치 등을 파악하는 것이 정말 중요하다.

인테리어 시공 전 직접 디자인한 현장 이미지

애견 유치원은 하루에도 수십 번 반복되는 활동과 동선
이 있기 때문에 상가 계약을 마쳤다면 상가의 구조에 맞
게 동선부터 짜는 것이 중요하다. 인테리어 업자는 해당

분야의 전문가가 아니어서 동선에 대한 인식이 낮을 수 있기 때문에 창업자와 근무자들이 활동할 무대의 큰 틀을 직접 짜는 것이 바람직하다.

나의 경우 상가 계약과 동시에 설계도면을 받아 수도와 동선 계획부터 짜고, 인테리어를 직접 3D로 구현하여 현장 인부들과 소통하며 공사를 진행했었다.

가장 중요한 것은 위탁되는 반려견들의 안전이다. 근무자나 보호자의 실수로라도 반려견이 탈출할 위험이 없도록 2중, 3중의 문을 갖추는 것이 중요하고, 이 안전문은 간이형이 아니라 용접이나 확실한 고정을 통해 견고하게 만들어야 한다. 그리고 출입문의 방향은 강아지가 밀고 나가지 못하는 방향으로만 여닫을 수 있게 해야 혹시 모를 사고를 예방할 수 있다. 펜스의 높이는 위탁되는 반려견들의 체급에 따라 달라지겠지만 소형견을 타깃으로 한 공간이라도 최소 1,200mm 이상부터 고려하는 것이 바람직하다. 인테리어가 아기자기하고 예쁜 것도 좋지만 안전사고 예방이 최우선이다.

2. 청결 유지를 위한 선택 ✏️

수십 마리의 반려견들이 생활할 공간의 인테리어를 할 때 소재의 선택은 정말 중요한데, 아무리 저렴하고 예쁜 소재라 할지라도 청결 유지에 흠이 되는 것이라면 과감하게 포기하는 것이 좋다. 약품으로 청소해도 녹이 슬거나 벗겨지지 않는 펜스나, 벽의 아래 쪽은 강아지들의 잦은 마킹도 씻어 낼 수 있는 소재로 마감하는 것이 좋다. 유치원 냄새의 근원은 이런 사소한 하나에서 서서히 드러나기 때문이다.

가장 많이 하는 실수는 원목이나 합판으로 가구나 펜스를 만드는 것이다. 나무 재질의 시설은 물청소를 할 수 없어 쉽게 더러워지고, 강아지들이 나무 씹기를 좋아해서 연식보다 훨씬 빨리 낡을 수 있다.

가능하다면 바닥은 주기적으로 물청소를 할 수 있도록 배수 시설을 만드는 것이 좋은 방법이다. 물청소만큼 청결한 청소도 없으니, 부지런하게 청소를 루틴으로 만들어야 한다.

3

맨땅에 8년 노하우,
고객응대 방법과 고정 단골 만들기

✳

상담 매뉴얼과 예약제의 중요성

일면식이 없는 상태에서의 상담 전화는 그 유치원의 첫 인상을 좌지우지할 수 있기 때문에 단순히 전화받는 행위 그 이상의 준비가 필요하다.

예전에 부산 여행을 준비할 때, 반려견 위탁을 위해 몇 군데 상담 전화를 했던 경험 중 하나이다. 대형견 위탁이 가능한지를 알아보는 문의에 "무나요?"와 "많이 짖나요?"라는 첫 질문을 받았을 때 더 이상의 상담이 필요 없음을 느끼고 전화를 끊은 적이 있었다. 물론 관리자의 입장에서는 안전사고를 방지할 의무가 있기 때문에 그 질문을 했을 것이다. 하지만 내면의 '진상 강아지를 받고 싶지 않은 마음'과 '관리가 편한 강아지인지 확인'하려는 마음만 강하게 전달받은 경험이 있다.

이처럼 상담 전화는 고객이 그 유치원의 전문성을 알 수 있는 첫인상이기 때문에 체계화된 상담 매뉴얼이 필요하다. 나의 경우에는 들은 정보를 잊지 않기 위해 상담 노트와 펜부터 준비하는 편이고, 상담을 할 때는 '나는 당신의 반려견에게 질 좋은 서비스를 제공하기 위해 궁금한 것들이 있습니다.'라는 마음이 고객에게 전달되도록 해야 한다.

전화 상담을 통해 강아지의 견종, 나이, 성별, 중성화 여부, 최근 수술 경험 및 접종 여부 등의 기본적인 질문을 한 후, 보호자가 유치원에 위탁하려는 목적을 물어보는 것이 중요하다. 이 질문은 꽤나 중요한데 해당 반려견에게 필요한 서비스의 큰 틀을 알 수 있기 때문이다. 가장 흔한 위탁 목적으로는 '집에 혼자 두면 분리불안이 있어서', '심심해 보여서' 등이 있다. 분리불안이 있는 경우 해당 보호자는 출퇴근하는 평일반을 원할 것이고, 후자의 경우는 격일 등원을 안내할 수 있기 때문에 보호자가 원하는 것을 빠르게 캐치할 수 있는 질문이다.

예약제의 목적 🐾

우리 유치원은 신규 영입도 중요하지만 현재 등원중인 반려견들을 최우선으로 하고 있다. 강아지들의 활동 시간 중에 아무 때나 찾아오면 상담이 가능한 게 아니라, 예약제를 만들어 예약한 시간에만 현장 방문이 가능토록 한 이유다.

예약제의 또 다른 이유로는 신규 등록을 하려는 반려견이 등원할 것을 예상하고 맞이함으로써 오로지 해당 강아지에게 집중할 수 있고, 강아지에게 필요한 교육과 활동을 충분히 안내할 수 있어서다. 그래서 신규 예약을 받는 시간대를 하루 일과가 시작되기 전인 오전 중에 받는 편인데, 예약제를 고려하고 있다면 하루 일과 중에 어느 시간대에 신규를 받기가 좋은지 유치원 사정에 맞게 고민해 볼 필요가 있다.

타 업체의 경우 다른 이유에서 예약제를 운영하기도 하는데, 활동 시간 중 낯선 손님이 찾아오면 실내에 있는 강아지들이 모두 짖는다는 이유로 모든 강아지들이 하원한 후인 저녁 시간에만 현장 방문 상담이 가능한 곳도 있다. 하지만 현장 방문을 하려는 보호자들의 심리는 시설과 운영자를 보기 위한 것만이 아니다. 이미 활동 중인 강아지들의 분위기를 보려는 이유도 있다. 예약 시간대를 정할 때 무엇이 득인지는 곰곰이 생각해 봐야 한다.

✳

신규 등록 절차 노하우

고마워복실아의 경우 아래와 같은 절차로 이루어진다.

① **전화 상담(위탁견 기본 정보)**

- 견종, 성별, 중성화 여부, 나이, 몸무게 등

- 위탁을 하고자 하는 목적

② **위탁 계약서 발송**

③ **수신된 위탁 계약서 검토**

- 접종 내역 확인

- 수술 경험 있을 시 수술 시기 확인 및 그에 따른 위탁 가능 여부 판단

– 강아지 성향 (서술식/선택지) 확인

– 원하는 서비스 확인

④ **예약일 확정 및 예약금 확인**

(노쇼(no-show, 예약부도)를 방지하기 위한 최소 금액을 받고, 해당 금액은 테스트 유치원 시 사용 가능)

⑤ **예약 당일 현장 상담**

– 간단한 시설 및 운영 방식 소개

– 테스트 유치원 후 보호자가 없는 동안의 활동 내용 안내

⑥ **유치원 등록 혹은 호텔링 예약 진행**

– 교육이 필요한 경우 기본 원비에 교육비 추가(교육비는 교육 기간이 지나면 삭감)

– 호텔링의 경우 필요 시 추가 등원 요청

✳

위탁 계약서 만들 때 키 포인트

위탁 계약서는 반려견을 업체에 위탁을 할 때 작성해야 하는 필수 서류라고 할 수 있는데, 업체의 상당수가 이 계약서의 중요성을 간과하는 경우가 있다.

위탁 계약서는 강아지의 정보 및 필요 시 연락을 취해야 할 보호자의 연락처 수집의 목적도 있지만 그보다 더 중요한 역할을 가지고 있다. 특히 애견 카페형 유치원이나 호텔은 위탁 시 전화로 간소하게 예약을 받거나, 기존에 카페 손님이었다는 이유로 계약서 없이 바로 위탁을 받는 경우도 있는데, 실제로 이런 최소화된 과정은 유기견 발생에 취약하다. 보호자의 연락처만으로는 아무런 보장을 받을 수 없으므로 반드시 위탁 계약서를 받아야 한다.

실제로 있었던 유기 사건 🐾

계약서 없이 쉽게 위탁을 맡길 수 있는 곳은 위탁이 쉬운 만큼 범죄의 타겟이 될 수 있다. 하룻밤 호텔비를 결제하고 연락이 두절되거나, 호텔비를 차일피일 미루다가 결국엔 유기하는 경우가 생각보다 많다.

고마워복실아의 경우, 현장에서 종이에 작성하도록 했던 위탁 계약서를 2020년부터 방문 전에 미리 작성할 수 있도록 온라인 링크를 보내고 있다. 만약 작성이 되어 있지 않다면 예약 시간에 방문했다 하더라도 위탁을 절대 받지 않고 있다. 이유는 2021년에 발생했던 호텔 강아지 유기 때문이다. 분명 온라인 폼이 작성이 안 된 것을 확인했으나 보호자는 작성을 했다고 주장하며 일시적 오류인 것 같다는 말과 함께 홀연히 떠나 버렸다. 호텔비까지 결제가 되었으니 문제가 있겠나 싶었지만 계획된 유기였고, 민사 소송까지 진행해야 했던 일이 있었다.

보호자가 위탁 계약서를 작성하지 않고 위탁한 후, 구청에 악의적으로 신고하여 행정 처분까지 받는 유치원도 보았다. 무슨 일이 있더라도 운영자를 보호할 수 있는 것은 '위탁 계약서'뿐이니, 위탁 계약서는 보호자가 유치원 문을 나서기 전까지 반드시 작성이 되어야 하며, 되도록이면 온라인 서식을 만들어 방문 전에 작성하도록 하는 것을 예비 창업자에게 강력히 권고한다.

위탁 계약서에 필수로 포함되어야 하는 것 🐾

- 등록 번호, 업소명 및 주소, 전화번호
- 위탁 관리하는 동물의 종류, 품종, 나이, 색상 및 그외 특이 사항
- 제공하는 서비스의 종류, 기간 및 비용
- 위탁 관리하는 동물에게 건강 문제가 발생했을 때 처리 방법 (사망 시의 방법에 대해 기입해야 한다.)
- 위탁 관리하는 동물을 위탁 관리 기간이 종료된 이후에도 일정 기간 찾아가지 않는 경우의 처리 방법 및 절차

가장 기본적인 것은 반려견 이름, 견종, 나이, 중성화 여부, 몸무게, 동물 등록 번호, 기타 수술 여부, 기저 질환 여부, 매해 필수 접종을 하고 있는지 등을 기입한다.

보호자의 이름, 주소, 연락처는 반드시 기입이 되어야 하는데, 「개인정보보호법」을 무시하고라도 신분증을 복사해서 받아 두는 곳도 있다. 특히 관리 중인 반려견에게 특이 사항이 있을 시 즉각 연락을 취해야 하기 때문에 비상 연락처까지 받아 두는 것이 좋다.

유기 방지를 위한 내용 🐾

우리는 합의없이 일방적으로 호텔을 연장한 경우 24시간당 30만 원의 위약금이 발생하고, 미리 결제된 위탁 기간 이후 7일이 지나면 해당 반려견에 대한 보호자의 소유권을 포기함에 동의한다는 내용을 받고 있다.

어차피 유기하려는 입장에서 소유권이 포기되면 보호자 입장에서는 좋은 것이 아닌가 하는 생각을 할 수 있지만, 세상에는 정말 다양한 사기 범죄가 많기 때문에 예상치 못한 상황까지 보호하기 위한 조항이라 생각하면 된다. 타 업체의 예로, 보호자 연락이 안 되어 유기로 생각하고 보호소로 보냈는데, 몇 개월 후 유기한 보호자가 그 강아지를 다시 찾으며 금전을 요구하여 민사 소송을 한 사례도 있다.

사망 시의 협의 절차 내용 🐾

장기간의 숙박을 하는 훈련소가 아닌 일반적인 애견 유치원에서는 흔하지 않은 내용이다. 하지만 법적으로 있어야 하는 사항이기 때문에, 껄끄러운 내용이더라도 반드시 적어 두어야 한다.

관절 및 외과 질환에 대한 조항 🐾

법적으로 필수적인 내용은 아니나, 대부분 관절이 좋지 않은 소형견을 위한 내용이다. 간혹 "우리 강아지가 다리 관절이 좋지 않아 너무 놀거나 뛰지 않게 주의해 주세요."라는 부탁을 하는 가정들도 있다. 이미 좋지 않은 관절을 가지고 유치원에서 활동 시, 최대한 안전하게 보살피겠지만 아이의 성격과 활동에 따라 무리가 있을 수 있다는 내용을 담고 있다.

소형견의 경우 슬개골 수술을 한 반려견들도 이미 많고 선천적으로 관절이 좋지 않은 경우가 많다. 관절의 건강은 선천적으로 타고나는 것이라, 사고로 인해 슬개골 수술을 해야 하는 경우는 0.5%에 지나지 않는다(지금까지 본 적이 없다).

위탁하는 보호자의 입장에서 슬개골 등에 대한 걱정은 당연하지만, 관절 건강만을 생각한다면 집에서 쉬는 것이 가장 안전하다. 그래서 보호자에게 다음과 같이 안내한다.

"반려견의 관절이 우려되는 경우, 위탁을 하지 않는 것을 조심스럽게 권합니다. 안전하게 케어하도록 최선을 다하나, 호텔과 유치원의 활동은 집안에서의 활동보다 관절에 무리가 있을 수 있습니다. '뛰지 않게 해주세요' 등의 요청은 정중히 거절합니다."

유치원 활동 중 발생할 수 있는 상황에 대한 내용이 있는데 이 조항들은 타 업체들의 계약서를 비교하며 자신의 유치원에 맞게 수정하여 사용하고, 운영 중에도 필요한 조항은 꾸준히 추가하는 것이 좋다.

- 반려견의 퇴소를 요청할 수 있는 상황에 대한 안내
- 사실과 다른 내용을 계약서에 기입 시의 조항
- 위탁 중 질병, 응급 상황에 대한 안내
- 타 반려견 및 사람이나 재산상의 피해에 관한 조항

방문할 반려견에 대한 간략한 정보를 알 수 있는 선택식 혹은 서술식 항목을 만들어 놓는 것도, 반려견의 성향을 예측하는 데 많은 도움이 될 수 있다. 특히 동명이견(이름이 같은데 다른 아이)이 꽤 많기 때문에 그런 특징들로 오랜만에 방문하는 강아지를 구분하는 경우도 더러 있다.

✳

내 고객과 아닌 고객을 구분하기

'손님을 골라 받는다'는 이야기라면 좋은 이야기일 수도 있고, 나쁜 이야기일 수도 있겠지만, 나는 이 말에 동의한다.

만약 내가 '짜장면'을 파는 사람이라면 골라 받지 않을 수도 있다. 손님은 먹어 보고 맛이 없으면 안 올 것이다. 맛있다면 다시 찾아올 테니 골라 받을 이유가 없다.

유치원은 다르다. 한 번 온 고객은 지속적으로 유지해야 한다.

하지만 모든 사람의 모든 니즈를 맞추는 것은 불가능

하다. 공동생활인 유치원에서 공통적으로 제공할 수 있는 서비스 선을 벗어나는 고객은 미련 없이 떠나도록 해야 하는 게 맞다. 공동생활이기 때문에 서비스를 제공하는 것도 규칙에 따라 제공해야 한다. 규칙을 흐리는 고객이 비록 한 명일지라도 장기적으로 봤을 때 다수에 영향을 끼치고, 오래 방치할 수록 내보내는 타이밍이 더 애매할 수 있다.

고객이 위탁 시설 선택지를 골라 가듯, 업체도 모든 고객 중 자신과 결이 맞지 않는 고객을 거부할 수 있다. 흔치 않지만, 우리가 고객을 거부하는 경우는 아래와 같은 경우다.

① 최저가를 요구하나, 자신의 요구 사항은 프리미엄을 넘어서는 고객

② 내 강아지만 최우선이라 선생님과 다른 강아지에 대한 배려가 전혀 없는 고객

①의 경우 아무리 금액이 낮아져도 불만이 생기며, 아무리 서비스가 좋아도 불만이 생기는 고객이다. 온 마음을 다해서 돌보아도 언제나 불만이 생기는 사람도 있다.

그런 사람들 있지 않은가. 모든 업체에 남긴 리뷰가 불평불만인 사람들.

잠시 만족했다가도 어차피 불만을 갖고 떠날 고객이며 떠난 후 동네 커뮤니티에 안 좋은 영향을 줄 수 있어 경계해야 하는 대상이다. 당신이 어떤 서비스를 제공하든 저렴한 금액에 대한 만족이 채워지지 않는다면 모든 게 다 마음에 들지 않을 것이다.

②의 경우 가장 기억에 남는 두 사례가 있는데, 하나는 상담 공간에서 상담을 하고 있을 때의 일이다. "자신의 강아지가 상담 중에 심심할 것이니 다른 개 한 마리를 여기 데려와서 놓아줘라."라는 신박한 요구를 했던 손님이 있었다. 자신의 반려견은 사랑스러운 강아지이고, 원내에 있는 다른 강아지들은 물건으로밖에 보지 않는 손님은 죄송하지만, 고객으로 받을 수 없다(지금도 화가 나는 일화 중 하나이다).

다른 일화는 한 손님이 강아지를 선생님에게 넘겨주던 중에 참았던 소변을 선생님의 옷에 본 적이 있었는데, "애기 소변 봤네, 생식기 좀 닦아 주세요."라고 하는 게 아닌가. 선생님 옷이 소변으로 다 젖었는데도 미안하단

말도 없이 강아지 생식기를 닦아 주라고? 잘못 들은 이야기일 거라 생각했지만, 그 다음에도 비슷한 상황은 반복되었고 우리는 그 고객을 받지 않았다.

안타깝게도 그런 보호자들의 심성에도 불구하고 정작 그들의 강아지들은 아무런 문제가 없다. 오히려 순진무구 너무 귀엽다. 오로지 '보호자'의 문제 때문에 강아지가 유치원에 오지 못하는 것이다.

일부 사람들은 자신의 강아지가 유치원에서 무슨 일을 하든 자신의 책임이 아니라고 생각하기도 한다. 유치원 선생님이 그들의 반려견에게 물리건, 다른 강아지에게 상해를 입혔건, 기물을 파손했건, 자신의 손을 떠난 상황이니 책임이 없다는 주장이다. 많은 상담을 통해 그들을 최대한 빨리 구분할 수 있는 능력을 기르는 것이 좋다.

배부른 소리일 수 있지만 반려 가정들이 위탁 시설 선택지를 골라가듯, 유치원에서도 의사소통이 원활한 보호자, 그리고 교육 의지가 있는 가정을 우선으로 챙기고 싶은 것도 당연한 것이라 생각한다. 쓸데없이 힘든 사람을 상대하느라 에너지를 소모하지 말고, 필요한 강아지들에게 내 에너지를 기쁘게 소모하고 싶다.

사람으로 인한 스트레스를 줄이는 길은 유치원 개원 시 가졌던 그 마음가짐 그대로, 중심을 잃지 않고(손님에게 휘둘리지 않고), 갈 손님은 보내고 오랜 인연이 될 가정에게는 최선을 다하면 되는 것이라 생각한다.

✳

유치원 이용료 설정 방법

가격을 설정하는 것은 정말 중요한 작업이다. 내가 운영하는 유치원이 프리미엄 유치원이 되느냐, 많은 이들에게 접근성이 좋은 유치원이 되느냐의 중요한 갈림길이 되기 때문이다. 그리고 한 번 결정된 금액은 운영하는 동안 크게 변동되기 어렵기 때문에 여러 가지를 고려하여 서비스별로 나누어 금액을 설정하는 것이 중요하다.

인근에 있는 동종 업계의 금액들을 표로 만들어 비교해 보는 수고가 필요하다. 마치 단결이라도 한 듯 비슷한 금액대를 형성하고 있다면 그보다는 약간 높은 금액으로 책정하여 차등을 주는 것도 괜찮을 수 있다. 만약 어느 한 곳이 주위보다 높은 금액대를 형성하고 있다면 그곳에서 대표로 하는 서비스가 무엇인지, 그럴 만한 이유가 있는지 (시설, 전문성 등) 파악해 보는 것이 중요하다.

그 외에도 주변 상권을 분석하여 프리미엄으로 운영이 가능할지 검토해 보는 것도 좋다. 예를 들어, 동물 병원의 규모나 용품점에 있는 용품의 금액대와 브랜드를 참고하면 그 인근의 반려 인구가 소비할 수 있는 정도를 가늠해 볼 수 있다.

애견 유치원의 경우 고객이 언제나 등원하도록 하는 것보다는, 멤버십이나 정기적 등원을 유도할 수 있는 선택지를 여러 가지 만들어 주는 것이 단골 고객층 확보에 훨씬 도움이 된다.

예를 들어, 고마워복실아는 현재 일회성 유치원은 기존에 등원해 왔던 가정들에 한해서만 가능하도록 하고, 신규 등록의 경우 테스트 유치원 1회 이후에는 월 12회 멤버십 혹은 평일반 등록으로만 이용하도록 하고 있다.

그리고 그 12회는 다음달로 이월이 되지 않도록 규정을 만드는 것이 좋은데, 강아지들의 적응이나 일관된 교육을 위해 긴 공백이 있는 것보다 주 3회 정도의 등원이 적당하기 때문이다.

　첫 개원 시에는 많은 강아지들이 다녀가는 것이 입소문으로 단골층을 확보하는 데 도움이 될 수 있다. 처음부터 예약제로 운영하기보다 일회성 이용을 수용하고, 어느 정도 정원이 찼을 때는 서서히 현장 예약제로 변경하여, 일회성 이용보다 정기적으로 등원하는 멤버십에 혜택을 많이 두어 고정 고객을 확보하는 것이 중요하다. 우리 유치원도, 모두 힘들었던 코로나 시기를 정기적으로 등원하는 가정들 덕분에 이겨냈다고 해도 과언이 아니기 때문에 그 가정들에게 보답하기 위해 최대한 많은 혜택들을 주고자 노력하고 있다. 그리고 보호자들에게도 일회성 등원보다는 혜택이 다양하고 금액적 가성비가 있는 멤버십은 합당한 소비라 생각될 수 있다.

　어느 정도 금액대가 설정된 이후에는 가오픈으로 운영을 해 보고, 정식 오픈 때 약간의 금액 변동을 하는 것도 좋다.

※

현실과 이상의 차이, 언젠가 현타가 온다

사업은 정말 마음과 같이 흘러가지 않을 때가 있다. 그래서 중요한 결정을 해야 하는 시점은 매 순간 있기 마련이다. 만약 그때 '그 결정'을 주저했더라면 지금의 고마워 복실이가 존재했을까? 하는 생각이 들 때가 있다.

지금은 애견 유치원과 호텔만을 전문적으로 운영하고 있지만 처음엔 애견 카페 수입을 베이스로 한 위탁 시설이었다. 여타 애견 카페들과 다른 점이 있다면 훈련사인 나와 동업자가 카페 이용객들을 대상으로 고민을 상담하고 유치원으로 영입하는 교육형 애견 카페였다고 생각하면 된다.

하지만 교육을 목적으로 한 것과 달리 불특정 다수의 손님과 강아지가 출입하는 공간에서 전문적이고 교육적인 유치원을 운영하기 어렵다는 것을 서서히 느끼게 되었다. 카페를 방문한 손님은 음료값(입장료)를 지불한 만큼 자유롭기를 원했고 반면에 고마워복실아는 원내 규칙들이 빡빡하기로 유명했다.

- 소유욕 및 경쟁 방지를 위해 공놀이 금지
- 타견에게 불편함을 주는 행동은 보호자가 제지하기
- 본인 강아지의 대소변은 직접 케어하기
- 타견을 허락없이 들어 올리는 것을 금지
- 알러지가 있는 강아지들이 있으니 무작위 간식 금지

이런 기본적인 규칙들에도 불구하고 잘 지켜지지 않아, 정작 유치원으로 위탁된 강아지들 관리에 부족함을 느껴 서서히 카페 비중을 줄여 나가기로 결심했다. 지금은 단 몇 줄로 정리되는 이 내용이 그 당시에는 얼마나 힘든 결정이었는지……

당시 매출의 대부분이 카페 이용객 매출이었기 때문에

정말 쉽지 않은 결정이었다. 평일은 유치원과 호텔만 운영하고 카페 손님이 많은 주말만 운영하는 것을 6개월에서 1년 정도 더 유지했다. 그리고 지금의 전문 위탁 시설로 거듭나기까지 채 2년이 걸리지 않았다. 그 후 거의 곧바로 코로나 19 사태가 터졌는데 오히려 카페를 운영하지 않는 위탁 시설이 된 고마워복실아에게는 더 나은 결과를 가져왔다. 애견 카페들은 코로나로 인해 불경기를 맞이했고, 교육이 필요했던 강아지들은 전문적인 유치원을 더욱 찾게 되었다.

✳

애견 유치원의 인재상

〰〰〰〰〰〰〰

'강아지를 사랑하는 사람 환영' 반려견 업종의 채용 공고를 보면 종종 보이는 문구인데, '동물을 사랑하는 사람'이 자격 요건의 전부인 곳도 많다. 단순히 해당 구인의 목적이 대소변만 치우는 정도의 단순 업무라면 모르겠지만 반려견 업종은 한 사람이 여러 가지 업무를 처리해야 한다. 때문에 전문 지식이 어느 정도 필요하고, 오히려 강아지를 사랑하는 마음만 있는 경우 업무에 지장이 되기도 한다.

특히 지원자들의 상당수가 강아지와 놀면서 돈을 벌 수

있다는 생각으로 지원하는 경우가 많기 때문에 전문 지식을 갖춘, 진심으로 이 분야를 배우고자 하는 진지한 인재를 채용한다는 것은 정말 어려운 일이다. 어렵게 훈련사를 채용을 해도 기존에 있는 선생님들과 업무 협업이 어려운 경우도 있고, 관련 학과를 졸업했어도 실무 경험이 없는 경우가 많아 기본 교육 기간만해도 6개월 정도 소요되기도 한다. 원하는 인재상에 맞는 인력을 구하는 데만 6개월, 그 인재를 교육하는 데 6개월이 걸린다는 것을 생각하면 애견 유치원의 직원을 구하는 일은 일반 사업장에서 아르바이트생을 구하는 개념과는 정말 다르다는 것을 알 수 있다.

내가 생각하는 인재상은 동종 업계 근무 경력이나 관련 학과 졸업 등의 이력보다도 '성실함', '책임감', '강아지를 사랑하는 마음', 그리고 '강아지를 사랑하는 나를 성장시키고 싶은 진지한 마음' 이 정도가 아닐까 생각한다. 실제로 고마워복실아 직원 채용의 기준이기도 했다.

온종일 강아지들과 함께하는 만큼, 강아지를 사랑하는 마음은 필수적이다. 또 책임감이 있어야 자신이 관리하고 있는 강아지에 대한 진정성을 보일 수 있고, 강아지를 긍정적인 변화로 이끌어 냈을 때 함께 성장하는 자신을 느낄 수 있어야 이 분야에 오래도록 함께할 수 있다. 그리고 장기적으로 봤을 때 그런 직원을 오래 두면 둘수록 유치원에는 득이 될 수 있다.

대충 출근해서 변을 치우고, 대충 관리하다 퇴근하려는 훈련사와, 진지한 마음으로 전문적인 지식을 습득하려고 노력하는 훈련사가 아닌 사람 중에 고르라 하면 나는 당연히 후자를 선택할 것이다.

애견 유치원 선생님의 업무는 강아지만 돌보는 것이 아니다. 보호자 상담을 할 수 있어야 하고, 강아지들이 활동하는 모습을 촬영하는 사진사 역할, 업무 능력이 어느 정도 되었을 때는 교육도 전담할 수 있어야 비로소 한 사람 몫을 할 수 있게 된다. 그 외에도 청소, 변 치우기 등의 잔업이 있기 때문에 강아지를 사랑하는 마음 그 이상이어야 할 수 있는 일이다.

마음에 맞는 직원과 오래도록 함께 근무할 수 있다는 것은 원장으로서도 큰 축복일 것이다.

4

성공하는 유치원 콘셉트 정하기

✳

당신의 고객은 누구인가

당연한 이야기지만 성공하는 애견 유치원을 만들기 위해서는 단순히 강아지를 잘 돌보는 것 이상의 것이 필요하다. 당신은 수많은 강아지를 돌보지만, 수많은 보호자도 함께 돌본다고 생각해야 한다. 강아지를 유치원에 등록시키는 사람, 등록금을 매달 지불하는 사람은 보호자라는 것을 명심해야 한다.

계속해서 새로운 애견 유치원이 생겨나고, 보호자들의 선택지는 현재 등원하고 있는 이 시점에도 계속해서 늘어나고 있다. 더 저렴한 유치원이 생겨도, 시설이 좋아 보이는 곳이 보여도, 내 강아지가 이 유치원에 계속 다녀야 하는 이유를 만들어 주어야 한다. 그것은 바로 탄탄한 관리를 받고 있다는 확신과 전문성, 커리큘럼이 될 것이다.

애견 유치원은 어린이가 다니는 어린이집과도 같아서 믿을 수 있는 사람이 상주하느냐의 여부는 보호자가 자식과도 같은 내 강아지를 믿고 맡길 수 있느냐를 좌지우지한다. 매일 등원할 때 원장과 나누는 인사는 사소한 것 같으면서도 그 이상의 값어치가 있다. 입장을 바꿔서 생각해도 다음달에 당장 퇴사할 수 있는 직원보다, 밝게 웃으며 내 강아지를 맞이해 주는 원장이 더 중요한 입간판이 된다.

요즘 다양한 콘셉트의 커리큘럼들이 즐비한데 그 중에서 보호자의 호응을 가장 많이 얻고 있는 것은 '산책 서비스'가 아닐까 싶다. 보호자들이 가장 죄책감을 느끼는 것 중 하나는 '강아지의 산책 횟수'이다. 이것을 간파한 몇몇 유치원에서는 산책 서비스를 시행했고 보호자들의 호응을 크게 얻을 수 있었다. 하지만 이런 산책 서비스의 장점이자 단점은 별다른 전문성이 없어도 쉽게 시도할 수

소속감을 줄 수 있는 유치원 아이템들

있어서 모든 유치원이 너도나도 산책서비스를 한다는 것이다. 뿐만 아니라 점점 늘어나는 강아지들로 인해, 4~5마리를 한꺼번에 데리고 다니며 인증샷을 찍는 무리한 산책이 사고로 이어지는 곳도 있다.

또 다른 예로는 어질리티 시설을 이용한 커리큘럼이

다. 시설만 구입한다면 쉽게 시작할 수 있는 쉬운 접근성 때문에 대부분의 유치원이 어질리티 시설을 기본적으로 가지고 있다고 해도 무방하다. 전문적인 지식 없이 접근하는 경우가 대부분이라 SNS에 활기찬 사진을 담기 위해 무리하게 허들을 높게 설치하는 경우도 많이 볼 수 있어 강아지들의 관절에 무리가 가는 활동들도 발견된다.

단편적인 예시로 들어본 산책 서비스와 어질리티 활동이지만, 많은 유치원이 하고 있는 이 서비스들을 굳이 하고자 한다면 다른 유치원과의 차별화를 둘 수 있는 것을 생각해 봐야 할 것이다.

✳

같은 서비스도 차별화할 수 있다

앞서 소개한 산책 서비스를 예로 차별화하는 방법에 대해 고민을 해 보자.

일단 강아지를 데리고 산책을 나가기 위해서는 남아 있는 반려견들을 돌볼 최소 인원의 선생님이 있어야 하므로, 산책을 하려면 넉넉한 인력이 필요하다.

많은 애견 유치원에서 매월 산책의 횟수를 장점으로 내세운다면 당신은 횟수보다 산책의 퀄리티를 높이는 방법으로 차별화를 둘 수 있다. 여러 마리의 반려견들이 한꺼번에 산책을 나가는 것보다 내 강아지 하나만을 위한 활동을 하는 것이 산책 서비스에서 느꼈던 아쉬운 1%를 채워 줄 수 있을 것이기 때문이다.

보호자 역시 여러 반려견들 중 하나인 내 강아지의 활동 사진과 영상을 반복적으로 보는 것보다, 횟수는 다소 적더라도 내 강아지에 포커스 맞춰진 질 높은 산책이나 교육을 원하는 갈증이 분명 있을 것이다. 인력과 반려견의 수에 따라 나갈 수 있는 산책의 횟수는 달라지겠지만, 매일 산책을 나가지 않더라도 산책 교육도 함께 피드백할 수 있다면 '산책 서비스가 있는 유치원'에서 '산책 교육을 하는 유치원'으로 차별화를 둘 수 있을 것이다. 물론 이러한 교육을 할 수 있는 '전문성'을 가지고 시도하자.

TIP 사소한 것이라도 SNS에 어필하는 습관 갖기

사소한 일상이라도 SNS에 주기적인 업로드를 하는 것이 필요하다. 예를 들어, 매번 하는 설거지 후 일렬로 놓여 있는 많은 그릇을 업로드 했다고 생각해 보자. 보호자들에게 이 곳은 강아지들이 많지만 '모두에게 개별 식기를 사용하며 위생 관리가 철저하구나.'라고 유치원의 긍정적인 인상

을 심어 줄 수 있다. 어떤 보호자에게나 운영자에게는 당연한 일상이, 다른 보호자에게는 긍정적 인식으로 다가설 수 있다.

✳

애견 유치원 롱런하는 비결

차별화된 콘셉트와 꾸준한 활동 기록 🐾

한 해가 지나고 작년 초부터 등원했던 강아지들이 올해에도 등원을 하고 있는 걸 알았을 때 정말 뿌듯함을 느낀다. 고마워복실아는 도심의 끝부분(거의 외곽)에 위치했는데, 매해 신생 애견 유치원이 반려견 가정들의 집 주변에 생겨나고 있어도 이 유치원을 찾아주고 있다는 건 그럴 만한 이유가 있을 것이란 자부심 때문이다.

매년 같은 강아지를 또 볼 수 있고 관리할 수 있음에 항

고마워복실아의 사물 풍부화를 이용한 사회화 놀이

상 감사하고, 그 가정들에게 더 보답하고자 하는 마음이
애견 유치원 운영의 원동력이 되고는 한다.

이렇게 되기까지 우리도 정말 많은 변화가 있었다. 운
영 초부터 '활동 교육'이라는 좋은 콘셉트가 있음에도 겉으로 드러나지 않는 홍보가 문제였기 때문이다. 활동 교육이란 강아지들끼리 놀도록 방치하는 것이 아니라, 훈련사 선생님이 강아지들의 활동에 개입하여 옳은 것과 그렇지 않은 것을 구분하는 원내 교육이다. 하지만 사실 이런 교육이 다른 애견 유치원에서 보여주는 사진으로 드러나는 재미난 활동이 아니기 때문에 일정 기간이 지나면 하나둘 유치원 등원이 끊겼다.

현재 고마워복실아는 다양한 커리큘럼을 가지고 있는데 여전히 우리의 콘셉트를 살려 교육과 연관지어 활동하는 것이 대부분이다. 촉각 사회화, 청각 사회화, 시각적 사회화 등 반려견들이 익숙한듯하면서도 친화되기 어려운 것들을 경험하도록 하고 있다. 그리고 그것을 좀더 시각화하고 이벤트화시키기 위해 매달 일정표를 정기적으로 등원하는 가정에 전달하고 있다. 시각화된 일정표는 '매일 사진으로 봤던 활동들이 이런 활동이었구나.' 라는 것을 보호자들도 인지할 수 있는 계기가 되었다.

경험 교육이 메인 콘셉트인 것을 살려 다른 유치원에서 쉽게 따라 하지 못할 서비스를 고민하다가 양치와 수중 운동을 부가 서비스로 추가하기도 했다. 필요한 가정만 이용하도록 하여 원비는 그대로 유지하되 추가적인 수입을 만들 수 있는 구조였다. 특히 가정에서 양치가 어려운 강아지들이 있어 원내 양치의 반응이 꽤 좋은 편이고 칫솔 적응 교육부터 차근차근 진행하고 있다. 수중 운동 역시 열광적인 반응으로 고정 수입이 되는 효자 부가 서비스가 되었다. 실제로 수중 운동을 받고 있는 강아지가 병원 진료 때 다리 근육량이 상당하다는 칭찬을 받았다는 말을 전해 들었을 때 정말 뛸 듯이 기뻤다.

이렇게 기본 원비와 부가 서비스를 분리하여 필요한 가정에서만 선택적으로 이용하도록 하여 원비로 인한 보호자의 부담을 줄여 주는 것도 좋은 방법이다.

부가 서비스로 이용 가능한 고마워복실아의 수중 운동

애견 유치원을 창업하고자 하는 모든 사람들이 전문 훈련사이기는 어렵다. 유치원의 콘셉트는 보호자들의 니즈를 반영하되 인근에 있는 동종 업계와 차별을 두면 반은 성공할 수 있다. 무엇이 좋을지 원초적인 고민이 들 때는 어린이집을 떠올리면 도움이 된다. 어린이집은 7세 미만의 아이들을 대상으로 하기 때문에 눈높이도 낮은 편이고 활동이나 이벤트를 참고하기 좋은 것들이 종종 있다(계절별 혹은 명절 이벤트 등). 특히 조카를 어린이집에서 하원시켰던 경험에서 '아, 우리 유치원도 등·하원할 때 이런 분위기면 좋겠구나.' '이런걸 느낄 수 있겠구나.' 등등을 새삼 알게 된 계기가 되었다.

📍 TIP 반려견 활동의 기록과 공유

강아지들의 활동을 기록하여 가정과 공유하는 것은 그 자체가 홍보가 될 수 있다. 특히 유치원 계정의 블로그, SNS, 유튜브 채널 등을 가정과 공유하는 것은 꽤 좋은 선택이다. 내 강아지가 유치원에서 즐거운 활동을 하는 모습은 나 이외에도 많은 사람들이 봤으면 하는 것이 부모의 마음이기 때문이다.

네이버, 인스타, 유튜브에서 '고마워복실아'를 검색하여 볼 수 있다. 네이버 블로그는 교육에 대한 내용을 주로 업로드를 하는 편이며, 유튜브는 원내에서 포착되는 재미난 일상을 담아내고 있다.

교육 블로그: blog.naver.com/westclaire

인스타: @thanks_dogschool

유튜브: youtube.com/@doggyschool

———
＊

반려견 보호자를 위한 이야기

1

8년 차 원장이 알려 주는
위탁 시설 고르는 꿀팁

✳

호텔링을 위한 팁

1. 호텔링의 목적 ✏️

고마워복실아에서 첫 호텔 문의 때 확인하는 내용 중 하나는 강아지에게 이미 적응된 호텔이 있느냐이다. 간혹 보호자들은 지역을 이동할 때 자신들의 목적지에 강아지 호텔을 잡는 경우가 있는데, 강아지와 꼭 함께 가야 하는 목적지가 아니라면(강아지와 함께하는 여행 계획을 짠 게 아니라면), 낯선 목적지에서 호텔링을 할 게 아니라 집 주변에 이미 적응된 위탁 업체에 호텔링을 하는 것이 강아지에게 나을 수 있다.

그리고 호텔링의 목적은 딱 두 가지만 기억하면 된다.

내가 부재하는 기간 동안 내 강아지가 ① 편하게, 그리고 ② 안전하게 잘 지낼 수 있겠다는 확신이 서는 곳에 호텔링을 맡기면 된다.

위탁 시설을 고를 때, 사람의 기준에서 벗어나 호텔링의 원초적인 목적에 집중하는 것이 중요하다. 특히 강아지가 실수로라도 탈출할 위험은 없는지 꼭 확인하도록 해야 한다. 외부인 출입이 잦은 애견 카페나, 낮은 높이의 이중문은 강아지들의 안전을 확보할 수 없다.

2. 호텔링 후 재회 방법

보호자와 떨어져 있다가 만난 반려견은 흥분하며 보호자를 맞이하게 되는데, 이때 보호자가 함께 호들갑스러운 모습을 보인다면 '역시 떨어져 있던 것이 아주 큰일이었어. 보호자도 많이 놀랐었구나.'라는 오해를 할 수 있다. 흥분한 반려견의 모습에도 태연하게 대응한다면, 헤어지기 전과 후가 다르지 않은 보호자의 모습을 보며 강아지도 안심을 할 수 있을 것이다.

※

애견 유치원을 고르는 방법

반려견을 유치원에 보내는 이유는 정말 다양하지만 그
중 대표적으로 꼽는 것이, 바쁜 보호자를 대신해 돌봄을
받기 위함이 많다. 그런 목적인 만큼 올바른 위탁 시설을
골라서 찾아가야 좋은 것을 경험하고 안전하게 돌봄을 받
을 수 있다.

1. 거리만 따져서는 안 된다 ✏️

아무래도 매일 출퇴근 시 등원을 시켜야 한다면 거리가

중요한 부분을 차지할 수밖에 없다. 하지만 거리만으로 정하기에는 좋은 위탁 시설의 선택지가 적을 수 있으니 아래와 같은 리스트를 만들어 보는 것이 좋다.

① 집에서 가깝거나 출퇴근 경로상 큰 무리가 없는 유치원

② 거리에 상관없이 내가 마음에 드는 유치원

③ 주변 사람이 추천하는 유치원

가장 좋은 시나리오는 집에서도 가깝고, 내 마음에도 들고, 마침 지인이 추천한 곳이기도 하면 믿음이 가겠지만 현실은 그렇지 않다. 이렇게 선정해 놓은 곳을 전화 상담을 먼저 받아 보고, 가능하다면 일일 케어를 예약하고 현장 방문하는 것이 필요하다.

2. 꼼꼼한 전화 상담의 전문성 ✏️

요즘은 이런 문의가 줄긴 했는데 여전히 이런 전화가 올 때가 있다. "지금 가도 되죠?"

만약 이렇게 물었을 때 "네, 오세요."라는 쉬운 대답

을 들을 수 있는 곳이라면, 관리가 생각보다 체계적이지 않을 수 있다. 언제나 신규를 받을 수 있는 곳은 한 마리 한 마리에게 들이는 정성이 없다는 반증이 아닐까 생각한다. 사실 원장 입장에서 생각해 보면 전화 상담으로 견종과 나이 등의 정보를 미리 알고 방문한다 해도, 강아지의 성향에 따라 돌봐야 하니 덜컥 "네, 오세요."라는 말을 하기 어렵기 때문이다. 우리 유치원의 경우 신규 예약을 받을 시간대를 따로 할당해 두고 예약을 받기 때문에, 예약 없는 방문은 난감하고 엄두가 나질 않는다. 그만큼 첫 방문하는 반려견의 첫 경험을 중요하게 생각하기도 하고, 앞으로 유치원을 다닐 강아지가 어떤 성향인지 파악하려면 집중할 수 있는 시간이 필요하다.

전화 상담에서 내 강아지의 어떤 부분을 궁금해 하는지, 단순히 그들의 쉬운 관리를 위해 문제 행동이나 짖음 등에만 포커스를 맞추지는 않는지를 파악하는 것도 중요하다. 그리고 내 반려견의 성향을 듣고 어떤 방법으로 위탁이 진행하게 되는지를 물었을 때 돌아오는 답변을 통해 전문성을 짐작할 수 있다. 상담 과정을 통해 위탁 관리자의 운영 방침과 마인드를 눈여겨봤으면 한다.

3. 예약 후 현장 방문 때 볼 수 있는 첫인상

이런 경험 있을 것이다. 출입문을 여는 것과 동시에 몰려오는 개들과 수십 마리의 짖는 소리, 그 소리가 수그러들 때까지 두 손 모으고 숙연하게 기다려 본 그런 경험 한번쯤은 있을 거라 생각한다.

만약 현장 방문에서 접한 그곳이 내 강아지의 예비 애견 유치원이었다면 이렇게 생각해도 좋다.

'나중에 내 강아지가 떼로 몰려와 짖는 개들 중 한 마리가 되겠구나,' 혹은 '저 짖음 속에서 있겠구나.' 하고 말이다. 방문했을 때 느껴지는 분위기가 앞으로 내 강아지가 배우게 될 것들이라 생각해도 좋을 것이다. 그렇다고 짖지 못하게 소리를 친다거나 뿅 망치, 기타 소음 도구들을 이용하는 곳도 내 반려견이 좋은 경험을 할 수 있는 곳이 아니다. 개들의 짖음을 공포와 소음으로 묻으려는 단편적인 행동은 다른 많은 행동들이 있을 수 있음을 암시하는 것일 수 있다.

쉬는 강아지와 활동할 강아지를 구분해 주는 것이 좋다

4. 아르바이트생인가, 전문 훈련사인가? ✍️

병원은 자격이 있는 의사가, 어린이집은 보육 교사가 운영하지만 강아지 유치원은 전문성이 없어도 운영이 가능한 것이 현실이다. 특히 잦은 인력 교체가 있는 곳은 전문성에 중점을 두고 있지 않은 곳이라 생각해도 무방하다. 전문적으로 운영되는 곳은 긴 시간 공들여 교육한 인력이 빠졌을 때의 업무의 차질이 상당하기 때문이다. 선생님들과 공유한 수십 마리 강아지들의 성향, 특징, 케어법, 그리고 보호자들과 쌓아온 관계가 있기 때문에 체계적으로 운영을 하면 할수록 단 한 사람일지라도 그 인력은 정말 중요하다.

5. 모든 강아지를 공평하게 대우하는 곳 ✍️

사람인지라 특별히 더 좋아하는 견종이 있을 수 있고, 행동이 아주 예쁜 강아지를 보면 최애가 있는 것은 어쩌면 당연할 수 있다. 하.지.만, 수십 마리가 있는 곳에서 몇몇 아이에게 관심과 사랑이 편중되지 않도록 항상 중심을 잡는 것은 정말 중요하다. 개들도 알기 때문이다. 사소한 행동 하나를 보고 나보다 쟤를 더 예뻐하는 것을. 많은 친구들 사이에 질투를 불러일으킬 수 있는 행동이나, 편애로 인해 강아지의 신뢰를 잃을 수 있다. 수십 마리를 관리하는 공간에서 특정 몇 마리의 신뢰를 얻고, 나머지 개들의 신뢰를 잃게 된다면 그곳에는 올바른 규칙과 질서가 설 수 없기 때문에 '오히려 내 강아지만 예뻐하지 않고, 공평하게 대할 수 있는 곳'을 찾는 것이 중요하다.

6. 그곳을 대표하는 콘셉트가 무엇인가 ✏️

애견 유치원 중 많은 곳들이 산책을 프로그램의 일부로 두거나, 부가 서비스로 이용하는 것으로 알고 있다. 실제로 산책을 자주 못하는 보호자들의 죄책감을 덜어 낼 수 있는 좋은 상품임은 틀림없다. 많은 개들이 이용하는 산책 서비스인 만큼, 개별 산책은 어려울 것이기 때문에 안전하게 리드하여 산책이 가능하다면 좋은 콘셉트 중 하나라고 생각하는 편이다.

각각 대표로 하는 활동이나 콘셉트가 있기 마련인데,

사진만 찍는 특별 활동보다는 반려견들이 유익한 경험을 하는 곳을 고르는 것이 도움이 될 수 있다. 특히 체력 소비 위주의 활동보다는 스스로 생각하게 하며 다양한 경험을 할 수 있는 것이 사회화 경험에 좋을 수 있다.

7. 사람이 아니라 '강아지'의 기준으로 보기 ✏️

이러나저러나 유치원에 실제로 등원하고 이용하는 당사자는 '내 강아지'이다. 아무리 좋은 시설도 사람 눈에만 보기 좋은 시설일 뿐 내 강아지가 실제로 누릴 수 있는 것은 제한적일 수밖에 없기 때문에 애견 유치원을 고르는 선택지에서 시설이 1순위가 되면 안 된다. 물론 시설까지 좋다면 더할 나위 없겠지만, 시설보다는 위생과 청결에 포커스를 두는 것이 좋다. 강아지들이 밟고 다니는 바닥의 청결, 물그릇, 밥그릇의 위생 관리 등이 더 중요할 수밖에 없기 때문이다.

셔틀 차량을 이용할 시에는 내 강아지가 차에 탑승해서 유치원에 도착하기까지의 실제 이동 시간을 알아보는 것

개별 식기를 사용하여 위생 관리

도 중요하고, 차량 내에서 어떤 방법으로 이동이 되는지 꼼꼼하게 체크하는 것을 추천한다. 직접 등·하원할 수 없는 보호자를 대신해서 이동 가능한 픽업 서비스는 좋은 서비스임은 분명하지만, 출퇴근 길의 러시아워를 매일 경험해야 하는 강아지에게는 긴 시간일 수 있고, 특히 멀미에 예민한 아이라면 꼭 체크해야 할 것이다.

2

반려견 교육

✳

훈련사가 바라보는
애견 유치원의 순기능과 역기능

고마워복실아는 우리 지역에서는 '짖지 않는 유치원'이라는 타이틀을 가지고 있다. 나는 이 짖지 않는 유치원을 위해 2018년 개원 때부터 정말 많은 연구와 노력을 해 왔다고 자부할 수 있다.

"짖으니까 개지, 왜 개를 못 짖게 해요?"

라고 말하는 사람도 분명히 있을 것이고, 실제로 궁금해하는 사람이 있었다.

그럼 반대로 "짖지 않아도 되는 상황인데 왜 짖어야 하나요?"라고 되묻고 싶다.

유치원에 있는 수많은 강아지를 짖지 않게 하기 위해 어떤 방법을 쓰는지 궁금할 것이다. 손님들이 없을 때 강아지들을 겁을 주는 건 아닌지 걱정하는 사람도 있을 수도 있다. 그 오해 아닌 오해를 풀고자 한다.

운영하는 교육 블로그에서도 비슷한 내용을 다룬 적은 있지만 열 번을 강조해도 부족한 올바른 유치원 선택하기는 절대 우리 집에서 가깝다는 이유로, 시설이 좋다는 이유로, 주변 지인이 보여준 유치원 활동 사진만으로 현혹되어 선택하는 것은 옳지 않다. 물론 좋은 유치원이 집에서 가깝고, 시설이 좋고, 활동 사진도 보내 주면 정말 좋겠지만 내 강아지가 보고, 듣고, 배우며 매일 경험할 것들을 생각하면 꼼꼼히 따져 보고 선택해야 하는 것이 바로 애견 유치원이다.

하나를 알면 열을 알 수 있다는 말이 있듯이 유치원에 입장했을 때 강아지들의 반응을 보면 이 유치원의 '주도권'이 선생님에게 있는지 강아지에게 있는지를 알 수 있다. 만약 강아지들이 단체로 쫓아 나와서 짖는 곳이라면 많은 규칙이 무너져 있다고 보면 되기 때문에, 그로부터 파생된 문제점들이 많을 수밖에 없다.

인간 중심으로 흘러가는 사회에서 사람을 대신하여 개가 주도하는 것은 많은 오류를 범할 수 있다. 사람이 만든 시설, 사람이 만든 규칙으로 이루어진 세상이기 때문에 우리는 별것 아니라고 생각하는 상황에서도, 개의 잘못된 판단으로 짖거나 경계하거나 심하게는 공격까지 하는 상황으로 치닫는 것을 예로 들 수 있다.

애견 유치원에 입장했을 때 우르르 쫓아 나와 짖는 강아지들을 생각해 보자. 너무 시끄러워서 상담이 어려울 것이고, 상담하려고 데려온 내 강아지는 수많은 강아지의 짖음에 위축이 되거나 함께 경계하며 짖고 있을 수 있다. 뒤따라 나온 선생님은 시끄러운 강아지들 사이에서 어쩔 줄 모르고 조용히 하라는 말만 반복하고 있다면…,

이 얼마나 난잡한 상황인가.

반대로 유치원을 처음 방문했는데 내 강아지와 함께 지내게 될 다른 강아지들이 조용히 환영하는 꼬리를 흔들며 맞이한다면 어떤 생각이 드는가.

개들이 쫓아 나와 단체로 짖는 행위는 '개'이기 때문에 당연히 해야 하는 행동이 아니라, '우리 무리'가 아닌 다른 존재가 들어왔을 때 경계하며 쫓아내려는 행위 밖에 되지 않는다. 만약 내 강아지가 그 유치원을 다니면 이

공동체에 합류해서 함께 배타성을 보이거나, 함께 짖지는 않더라도 저렇게 경계하는 행위가 당연한 것으로 잘못 학습하게 될 수 있다. 그리고 애초에 이런 분위기 속에서는 불시에 들어올 침입자 때문에 긴장과 경계가 항상 공존할 것이다. 유치원을 선택하는 가장 큰 꿀팁은, 방문했을 때 '그 유치원의 첫인상'이 앞으로 내 강아지가 배우게 될 사회성이라는 것을 단번에 알 수 있다는 것이다.

유치원 입구에서부터 통제가 안 된다는 것은 많은 규칙이 무너져 있다고 보면 되는데, 가장 큰 문제점은 위탁 관리자가 주도권이 있는 곳이 아니기 때문에 개들 사이에는 힘의 논리로 활동하고 있을 가능성이 크다. 체급이 크고 힘이 좋은 강아지들에게는 내 맘대로 활동할 수 있는 무법 지대가 되고, 사회성 부족으로 보호와 관리가 필요한 강아지는 도태될 수 있다.

다른 개의 의사와 상관없이 일방적인 활동을 하는 강아지들이 있을 것이고, 그 행동을 반복적으로 받아줘야 하는, 즉 놀잇감이 되어야 하는 희생 강아지가 있을 수 있다. 거부 표현에도 반복적으로 묵인된다면 사회성은커녕 다른 개의 접근 자체에 예민함을 보이게 될 수도 있는 것이다. 일반인 눈에는 즐겁게 뛰어노는 것처럼 보이는 강

선생님이 주도하여 원내 규칙을 만들어 줘야 한다

아지들의 활동을 잘 보면 쫓고 쫓기는 불편한 놀이가 있을 수 있고, 본능적으로 약한 강아지를 무리에서 도태시키고자 하는 행위를 하는 경우도 당연히 있을 수 있다. 그리고 그 대상은 체력이 부족한 노견 혹은 체급이 아주 작은 강아지이거나, 아직 적응 기간 중이라 무리에 제대로 섞여 있지 못한 사회성이 부족한 강아지들이 주로 대상이 된다.

  내 강아지가 일방적인 놀이를 하는 강아지라면 무규칙

공간에서 마음대로 할 수 있는 그 유치원을 아주 좋아할 수도 있다. 대신 올바른 활동 매너를 배울 수도 없는 곳이기 때문에 싫다는 표현을 하는 다른 개에 상해를 입을 수도 있는 것도 당연히 감수해야 할지도 모른다.

  적어도 내가 생각하는 애견 유치원은 뛰는 활동을 하면서 체력 소비를 해야 하는 곳이 아니다. 유치원의 목적은 사람의 유치원처럼 모든 활동에 교육을 베이스로 해야 한다고 생각하는 편이다. 내 강아지가 다른 강아지에게 피해를 주지 않는 방법을 배우고, 내 강아지도 다른 강아지에게 똑같은 배려를 받을 수 있는 교육을 하는 것이 유치원의 역할이어야 하지 않을까. 그러기 위해서는 선생님들이 주도권을 가지고 강아지들을 대신해 해야 할 것들이 정말 많다. 어미 견을 자처하여 옳고 그른 행동을 구분하여 제지해야 한다. 외부인이 들어와도 놀던 강아지는 그대로 놀고, 외부인이 궁금한 강아지는 다가와서 구경도 하고, 쉬던 강아지는 놀라지 않고 그대로 쉴 수 있는 경계심 없는 평화로운 유치원을 만들도록 개들보다 더 많은 활동을 해야 한다.

✳

노견들, 유치원 다니면 도움이 될까?

솔직히 이야기하면 어느 유치원을 다니느냐에 따라 다를 수 있다. 나이가 많은 노견이 활발한 어린 강아지들 속에 섞여 있어야 하는 곳이라면 오히려 집에 있는 것이 나을 수 있다.

돌이켜보면 우리도 노견들에게 그리 친화적인 유치원이 아니었다. 혹여나 위탁을 받았다가 다치지는 않을까, 아무리 조심히 관리한다고 해도 어린 강아지들 사이에서 치이기라도 하거나 넘어졌다가 관절이라도 아플까 노심초사하게 된다. 괜스레 도움이 되고 싶은 마음에 위탁을 받았다가 보호자와 트러블이 생기진 않을까, 한 번 상담이라도 한 날에는 수십 번의 고민을 했던 때도 있었다.

하지만 한 마리, 두 마리 노견을 위탁을 받게 되면서 어린 강아지보다 더 넘치는 의욕을 보이는 노견들의 반란(?)을 보게 되었다. 위탁을 받지 않았더라면 이런 아이들을 몰랐겠구나 하는 생각이 들기도 한다. 그래서 지금은 보호자에게 충분히 안전에 대해 고지를 하고 위탁을 받고 있다.

'이곳이 어디여?' 하며 동공 지진을 보이던 나이 많은 개가 서서히 적응하고 어린 강아지들 사이에서 교육과 보상을 받는 재미를 알게 되면 이런 생각을 하게 되는 것 같다. '아, 내 견생 10년 동안 이런 재미를 모르고 살다니!'라고 말이다. 엄마의 품에서 유치원 문으로 들어오는 순간 "얘들아 내가 왔다." 외치며 힘차게 걸어오는 모습 (힘차지만 걸음이 느려서 정말 귀여운 모습), 그리고 놀이 공간을 한 바퀴 돌고 나면 선생님을 바라보며 "자네, 언제 무엇을 시작할 텐가."라고 말하고 있는 것만 같다. 내 머릿속에 떠오르는 특정 노견들이 있어서 웃음이 난다.

물론 평생을 이렇게 강아지들이 많은 공간에 와 본 적이 없는 노견이 대부분이기 때문에 적응 기간에 충분한 공을 들여야 이 노견들의 마음을 열 수 있다. 사회화 경험이 적고 약한 강아지일수록 관심을 갖고 적응을 도와주어야 한다. '무섭고 귀찮은 공간인 줄 알았는데 내가 관심을 가지기 전엔 아무도 나를 건드리지 않네?'라는 생각을 하게 되면 강아지들은 스스로 공간을 탐색하러 다니게 되는데 이때 관리자가 스스로 활동하는 강아지를 칭찬하고 응원해 주면 더욱 힘차게 활동하려는 의욕을 보이게 된다. 요즘 들어 노견에게 적당한 자극은 정말 중요하다는 것을 새삼 느끼고 있다. 처음에는 노견으로 유치원을 등원했지만 지금의 눈빛은 1살 강아지보다 더 초롱초롱하기 때문이다.

만약 내 강아지가 노견이고 유치원에 등원을 시키고 싶다면 위탁 전에 동물 병원을 방문해서 강아지가 유치원 활동을 하기에 괜찮은 건강 상태인지 확인하는 것이 중요할 것이다. 그리고 여러 강아지가 함께 활동하는 공간이고, 집처럼 제한적인 활동이 아니라 긴 시간 활동하는 공간인 만큼 관절에 도움이 될 수도, 무리가 될 수도 있다는 것을 충분히 인지하고 위탁을 맡겨야 관리하는 사람과 보호자 모두 부담 없이 돌보고 위탁을 할 수 있을 것이다. 마지막으로 해당 유치원이 노견 친화적인 공간인지 확인해야 할 것이다. 활동 중에 다칠 만한 장애물은 없는지, 강아지들을 전문적으로 돌볼 수 있는 선생님들이 관리하는 위탁 시설인지 꼼꼼히 확인하고 위탁을 한다면 나이 많은 강아지에게도 충분한 활력을 줄 수 있는 좋은 유치원을 만나게 될 것이다.

✳

반려견 자립심 키우기

사람은 요즘 건강 관리만 잘 하면 장수할 수 있다는 백세 시대까지 왔지만, 강아지들의 평균 수명은 인간의 1/4도 안 된다. 그만큼 강아지들의 세월은 빠르게 흐르고 나이도 빨리 먹는 것을 알 수 있다. 내셔널지오그래픽 같은 채널에서 야생 동물들의 삶을 보면 태어나자마자 걸음마를 익혀 무리를 따라 여행을 떠나야 하는 동물도 있고, 강아지의 경우도 금방 네발로 걸어 다닐 수 있으니 걸음마가 가장 느린 사람은 돌봄이 필요한 시기가 아주 긴 것을 알 수 있다.

여기서 내가 강조하고자 하는 것은 강아지의 시간은 인간보다 훨씬 빠르다는 것이다. 가끔 유치원 상담을 하다 보면 1~2살인 강아지도 어린아이처럼 대하는 보호자들이 있는데, 이는 강아지의 자립심을 그르치고 보호자 없이는 아무 것도 못하는 우물 안 강아지가 될 수 있다(하나부터 열까지 다 해 주는 보호자가 없으면 얼음이 되어 버리는, 즉 주변과 차단을 해 버리는 사회성 없는 강아지가 되는 경우이다). 물론 우리가 '자녀'처럼 키우는 강아지이지만, 1살인 강아지를 하나부터 열까지 보호와 도움을 받아야 하는 취약한 어린 강아지로만 대해서는 안 된다는 것을 뜻한다.

태생적으로 쾌활하고 독립적인 강아지라면 그렇게 돌봐도 크게 문제가 도드라지지 않을 수도 있다. 하지만 대개 이런 경우 사회성이 아주 떨어지거나, 비만을 동반하는 경우도 많고, 그러다 보면 또 다른 수의학적 문제가 따라오기 마련이다.

강아지 나이, 1살이면 아기가 아니다. 흔히 6개월 이상이면 개춘기가 시작되고 그 개춘기는 1~2살까지도 보고 있다. 이 시기부터는 아기처럼 챙겨주는 것보다, 보호자가 강아지에게 옳고 그름의 구분을 도와주는 역할이 필요한 시기라고 할 수 있다.

개춘기는 '반항의 시기'를 통칭해서 부르는데, 그 반항이 왜 시작되는지 생각해 보면 '강아지가 스스로의 의지로 판단하기 시작'하는 시기부터일 것이다. 갓 태어난 강아지는 무엇이 위험한지, 무엇이 괜찮은 것인지 구분할 수 없다. 그렇기 때문에 무엇에 반항을 해야 하는지 자체를 모른다고 할 수 있다.

강아지는 눈을 뜨고 걸음마를 하다 네 발로 걸어 다니며 좋은 경험과 많이 경험했던 것으로 데이터를 차곡차곡 쌓아가기 시작한다. 그래 봐야 4~5개월동안 쌓은 경험이다. 그렇기 때문에 어린 시기에 사회화가 중요하다고 강조되는 것인데, 이 시기에 차 타면 병원만 가거나 사회화랍시고 무작정 강아지들이 많은 곳에 갔다가 좋지 않은 경험을 한다면 머릿속 깊숙이 부정적인 것들이 각인이 될 수밖에 없다. 그리고 그렇게 사회에 첫 발을 잘못 디딘 강아지는 집밖이 무서울 수밖에 없다.

반대로 경험이 부족하여 혹은 접하지 못했던 것을 개춘기 시기에 접하게 되면 경계심이 강하게 표출이 되기도 한다. 예를 들면, 평소 산책길에 보지 못했던 덩치가 큰 성인 남성을 보고(혹은 매번 있었지만 이제서야 인식하고)

경악하고 짖기 시작할 수 있는 것이다.

"우리 강아지는 자전거를 보고 짖지 않았는데 갑자기 짖어요." 같은 말을 많이 듣는데, 강아지가 태어나고 그 동안은 자전거가 눈에 띄거나 위협적이라고 느낄 만큼의 소리나 시선으로 인식한 적이 없었을 것이다. 언제건 강아지들은 그런 것들을 인식하고, 그 순간 좋은 게 아니라면 거부하는 시기가 온다. 강아지가 태어나고 6개월 살아가면서 그 동안(6개월 동안) 수집한 평균 데이터를 벗어나게 되면 그것을 강하게 거부하게 되는데 그때가 보호자들이 가장 힘들어하는 시기이기도 하다. 이 시기를 슬기롭게 지나가는 가정도 있지만 어린 아이처럼 달래기만 한다면 서서히 그 행동은 더 도드라지게 될 것이고 더 많은 문제 행동으로 파생될 뿐이다.

ⓘ TIP 간식만 주는 건 교육이 아니에요

많은 보호자들이 오류를 범하는 것들 중 하나가 "간식을 줄게, ~하자." 혹은 "간식 줄게, ~하지 말자."의 방식으로 강아지 교육을 시도하는 것이다. 이것은 교육이 아니다. 이 방법으로는 강아지가 간식을 먹은 직후 문제 행동을 보이거나(먹튀), 문제 행동을 한 후 간식을 먹는다는 등의 잘못된 인식을 할 수도 있다. 혹은 간식을 보지도 않고 그 상황이 종료가 될 때까지 경계만 잔뜩 하다가 끝이 날 수도 있다. 위험하다는 생각을 하는 강아지에게 간식이 우선 순위가 될 수 없기 때문에, 매 순간에 '괜찮은 것'이라는 판단을 하게끔 해 주는 것이 중요하고, 잘 해내는 순간 트릿을 주는 것이 올바른 순서이다. 이런 선행동 후간식(후칭찬)으로 가기 위해서는 보호자의 리더십이 아주 중요하다. 그리고 이 리더십에는 보호자의 인내심, 진심 어린 칭찬, 일관적이고 지속성있는 교육 방식이 동반되어야만 가능하다.

※

생각하는 강아지로 거듭나기

강아지 교육은 성장기별로 필요한 교육들을 나눌 수 있다. 흔히 이야기하는 사회화의 가장 좋은 시기는 2~4개월, 훈련사의 시점에서 이 시기는 정말 무시할 수 없는 중요한 시기임에 분명하다.

세상에 갓 태어나서 이제 막 눈을 뜬 뽀시래기 강아지한테 무슨 훈련인가? 라고 생각하는 사람도 있겠지만, 2개월령 강아지들은 옳고 그름, 혹은 싫고 좋은 것을 잘 구분하지 못하는 시기이기 때문에 훈련이라는 접근보다는 본능적으로 싫어할 수 있는 것들도 반복적인 긍정 경험을 통해 받아들이고 익숙해질 수 있도록 다양한 경험들을 해 줄 수 있는 가장 좋은 적기라고 할 수 있다.

그 말인 즉, 싫고 좋은 것을 구분하는 자아가 형성되기 전에 싫은 것도 좋은 것일 수 있다는 것을 가르치기 아주 좋은 때라는 것이다.

예를 들면, 강아지가 본능적으로 싫어할 수 있는 스킨십 부위인 발 터치를 긍정적인 경험으로 바꾸면 향후 발톱을 깎거나 미용을 할 때 유용할 수 있고, 우리 가족 이외의 사람들과 즐거운 경험을 함으로써 성견이 되어가는 시기에 타인에게 본능적으로 보일 수 있는 경계성 행동을 예방할 수 있다. 하지만 이 좋은 사회화 시기를 예방 접종의 명목으로 놓치는 경우가 생각보다 많다는 것이 많이 안타까운 부분이다.

각 분야의 전문가들이 자신들의 전문 지식 내에서 우선순위를 따지는 것은 어찌 보면 당연하다. 수의사들은 필수 예방 접종이 완료되기 전에 집 밖으로의 산책을 자제하고 강아지들과의 접촉하는 것을 제한하라고 권고한다. 그도 그럴 것이 수의사들은 직접 특성상 강아지의 건강과 안전을 위한 생각이 강하기 때문에 질병을 유발하는 상황을 피해야 한다고 권고할 수밖에 없을 것이다. 하지만 훈

고마워복실아에서 규칙을 배우고 있는 강아지들

런사의 입장에서 생각하는 우선순위는 다르다.

강아지는 6개월령이 되면 어느 정도 자아가 형성되고 이미 성견이 되어가는 시기로, 자신의 판단에 따라 옳고 그른 것을 구분하고 좋고 싫은 것을 따질 수 있는 정도가

규칙과 보상이 명확하다면 강아지들도 성취감을 느낀다

된다. 유치원을 방문하는 많은 중소형견 가정에서 비슷한 고민들을 하는데, '어느 순간 우리 강아지가 산책할 때 짖는다는 것'이 그들의 가장 큰 고민이다. 6개월령의 강아지가 '갑자기' 짖는 것이 아니라, 예방 접종을 명목으로 좋은 사회화 시기에 '다양한 긍정 경험'이 없기 때문에 발생하는 경우가 생각보다 많다. 뒤늦게 산책을 시작하게 되었는데 집 밖이 오랜만이라 너무 낯설고, 강아지들과의 긍정적인 경험보다 보호자의 집에서 익숙한 사람들과 지낸 시간이 훨씬 많았을 것이니 어찌 보면 짖고 경계하는 것이 당연할 수 있는 것이다.

비록 예방 접종 완료 전의 산책은 건강상의 문제를 야기할 수 있으나, 수의사의 조언과 함께 보호자가 할 수 있는 한도 내에서 최대한 다양한 경험을 시켜주는 것이 중요하다. 당장 발생할 수도 혹은 발생하지 않을 수도 있는 육체적인 질병도 중요하지만, 앞으로 15~20년을 살아갈 내 강아지를 위해 짧은 2~4개월의 시기는 평생의 사회성에 영향을 끼치기 때문이다.

그래서 많은 애견 유치원에서 '퍼피트레이닝'이라는 프로그램을 만들어 6개월에서 1년 미만의 강아지를 대상으로 진행하기도 하는데, 이 퍼피트레이닝에서 정말로 배워야 할 것은 앉거나 기다리는 스킬보다는 보호자가 원하는 것을 캐치할 수 있는 즉 '생각할 수 있는 강아지'로의 긍정 경험이 중요하다고 말하고 싶다.

사람과 함께 살아가는 강아지들인 이상 앉거나 기다리는 것쯤은 자연스럽게 할 수 있는 것들이다. 그렇기 때문에 강아지 때부터 주입식 명령어로 앉는 것을 가르치는 것은 결코 우선순위가 될 수 없다. 생각할 수 있는 강아지로 성장하기 위해 강아지를 대상으로 우리가 해야 하는 것은 강아지 스스로 보호자의 의도를 알기까지 기다려 줄 수 있는 인내심을 발휘하는 것이다.

"앉아, 앉아, 앉~아."라고 반복적으로 말하면서 강아지 엉덩이를 누르거나, 강아지 코 위에 간식을 가져다 대면 앉는(얼굴이 뒤로 젖혀지면서 자연스럽게 앉게 되는 훈련 원리) 등의 속성으로 배우는 방법은 결코 내 강아지를 생각하는 강아지로 기를 수 없다. 다만 보호자에게 빠른 만족도를 줄 뿐이다. 내 강아지가 똑똑하다며 말이다.

하지만 강아지에게 '앉는 것'을 가르치는 의도 자체가 앉아서 보호자에게 집중하는 것을 의미하는 것이지 않겠는가. 그렇다면 보호자가 원하는 것이 무엇인지 캐치하기 위해 '간식을 들고 있는 손'을 보는 것이 아니라 '보호자의 눈'을 바라봐야 하는 것이다. 간식에 복종하는 게 아니라 나와 소통하는 강아지로 양육하기 위해서는 앉으라는 말과 손동작 대신, 강아지가 스스로 앉기까지 기다려 주고 마침내 뭘 원하는지 모르겠다며 자신도 모르게 앉는 강아지에게 '옳지!' 라는 칭찬과 함께 칭찬 포인트를 알려주는 것이 중요하다. 이때 강아지는 생각하게 될 것이다. '앉으니까 간식을 먹었구나!' 다음에도 보호자의 의도를 파악하기 위해 골똘히 집중할 수 있는 계기를 얻은 것이다.

주입식의 교육은 시키는 것만 할 수 있는 강아지가 될 수 있다(앉기는 앉았으나 빨리 간식을 먹기 위해 안절부절 못하는 강아지 등). 혹은 보호자가 간식을 가지고 있지 않았을 때 태도의 변화가 큰 강아지들도 있을 것이다. 간식에 복종하는 것이 아니라 보호자와 유대감을 쌓고, 보호자와 소통할 수 있는 강아지로 성장시키고 싶다면 '강아지에게 생각할 시간을 주는 습관'이 정말 중요하다. 내가 원하는 것을 내 강아지가 텔레파시라도 통한 것처럼 알아들었을 때 순간의 쾌감은 이루 말할 수 없을 것이다.

3

산책과 사회성

✳

애견 카페,
반려견 운동장에서 사회성을 기를 수 있을까?

애견 카페는 불특정 다수의 손님과 강아지가 방문하는 공간이다. 강아지를 기르지 않는 일반인은 입장한 강아지들을 보기 위해 이용하고, 반려인들은 쾌적한 실내와 실외 공간을 이용하기 위해 방문하는 곳이다. 애견 카페의 주된 서비스는 이렇게 강아지를 풀어 놓을 수 있는 쾌적한 공간과 음료를 제공하는 것이기 때문에 강아지의 직접적인 관리에는 거의 관여를 하지 않는 편이다.

애견 카페에 호텔이나 유치원의 목적으로 위탁된 강아

지들은 비전문가인 손님들과 함께 머물게 되기 때문에, 특정 강아지의 일방적인 놀이로 피해를 보는 강아지들이 생길 수 있고, 손님의 스킨십이나 간식을 받아먹기 위한 경쟁도 발생할 수 있다.

나의 지인들도 애견 카페를 운영 중에 있지만 그들의 운영 방식의 문제라고는 할 수 없다. 카페로 수익을 내야 하는 수익 구조상 전문 인력들을 사용하기에는 무리가 있고, 전문 인력을 채용한다면 당연히 우리들은 음료 가격만 지불하고 애견 카페를 이용할 수는 없을 것이다. 때문에 애견 카페를 방문하고자 한다면 반려견들을 중재하는 관리자가 없음을 인지해야 한다. 편하게 앉아서 음료만 마실 생각이라면 추천하지 않는다.

반려견 운동장의 경우를 생각해 보자.

흔히 무료로 시에서 운영하는 반려견 운동장은 사회성을 기르는 명목으로 타견을 만나게 하기 위해, 혹은 강아지의 넘치는 에너지를 한 번에 쏟아 내게 할 목적으로 방문하는 경우가 대부분일 것이다.

애견 카페와 반려견 운동장의 공통점은 강아지를 전문으로 관리하는 사람이 없어 그날그날 상황에 따라 무법지대일 수 있다는 것이고, 차이점은 애견 카페에 비해 더 넓은 활동 공간이 있다는 것이다(넓은 공간을 관리하고 관찰하기에는 현실적으로 무리가 있다).

여기에 모든 힌트가 다 있다. 전문 관리자가 없기 때문에 강아지들 사이의 모든 활동과 트러블은 각자의 보호자의 책임에 달려 있다. 그리고 그 보호자들은 전문가들이 아니기 때문에 일이 터지고 나서야 상대 강아지의 탓을 하기 일쑤고, 사건이 터지지 않더라도 올바른 사회화를 하기 위해 적합한 공간이 아닐 수 있다. 그래도 오프리쉬의 장점이 있는 반려견 운동장을 방문하고자 한다면, 사회화를 기를 목적으로 강아지들이 많은 시간대에 방문하는 것이 아니라, 반대로 강아지들이 적은 시간대에 방문하는 것이 나을 수 있다.

사람들마다 각자의 성향이 있듯 강아지들도 타고난 각자의 성향이 있고, 나이대에 따라 다른 활동량, 그리고 성견이라 하더라도 사회화 정도도 다 다르다 (여기서 말하는 사회화는 타견과 얼마나 잘 노느냐가 아니라, 타견을 배려하는 놀이 활동을 할 수 있느냐를 말하며, 타견과의 첫 만남(첫인사)를 하는 태도와 타견의 감정을 읽을 수 있는 마음의 여유가 있는지가 중요하다).

반려견 운동장처럼 전문 관리자가 없는 공간은 올바른

사회화를 기대하기보다는 강아지들끼리 알아서 하는 활동과 의사소통에 의지할 수밖에 없다.

⊙ **TIP** 반려견 운동장에서 주의해야 할 점

- 내성적인 강아지가 활발한 강아지의 행동에 거부를 표현할 수 있다. 내 반려견이 거부하거나 과하게 다가서는 행동을 주의깊게 보고, 필요에 따라 중재할 수 있어야 한다.

- 다른 강아지를 대하는 법을 잘 모르는 어린 강아지는 타견에게 불쾌한 행동을 할 수 있으므로, 보호자의 주의가 필요하다.

- 어린 강아지는 타견의 거부 표현을 통해 강아지들 사이의 표현 언어를 배워나가기도 하지만, 상대견이 과격할 경우 어린 강아지가 다치게 될 수도 있으니, 주의하자.

- 또한 어린 강아지의 불편한 행동에 반복적으로 노출된 성견은 어린 강아지를 극도로 싫어하게 되는 계기가 될 수 있다. 내 반려견이 거부하는 행동을 보이는 경

우, 뜻을 존중해주고 자리를 피하는 것이 낫다.

- 흥분도가 높은 강아지가 일방적으로 타견의 목을 쪼거나, 쫓아가는 행동을 할 때 상대 강아지는 언제든 거부를 할 수 있음에도, "친구가 놀자는데 왜 그러니." 라며 거부하는 내 강아지를 나무라는 보호자가 되지 않길 바란다. 스스로 내 강아지를 관리하고 보호할 수 없다면 말이다.

반려견 운동장은 굉장히 넓은 활동 공간을 제공하는 만큼, 전문가라 하더라도 강아지의 활동에 직접적인 개입을 하기 쉽지 않다. 올바르지 않은 행동에 제지해야 함에도, 강아지는 보호자가 나에게 뛰어오기 전에 도망칠 수 있다는 잘못된 학습을 하게 될 수도 있다.

✳

강아지에게도 매너가 필요할까?

~~~~~~~~

　개들의 사회성은, 우리가 사는 환경과 특정 자극에 얼마나 올바르게 노출이 되었느냐가 가장 중요하다고 볼 수 있다. 사회화를 기르겠다고 무조건 개들이 많은 곳에 가서 어울려 놀아 보라고 하는 그런 사회화를 말하는 것이 아니라 '올바른 사회화'가 중요하다.

　올바른 사회화를 위해서는, 우리 주변의 생활 소음, 시각적 요소, 바닥의 촉감과 같은 다양한 자극에 긍정 경험으로 올바르게 노출이 되어야 하고, 당연히 사람과의 친근한 관계성을 위해 우리 가족 외에도 다른 사람과 접촉

할 기회가 많아야 한다. 이처럼 사회화는 어느 특정 분야가 아니라 강아지가 살아가는 데 접하게 될 모든 것들에 익숙하게 받아들일 수 있도록 하는 것이지, 강아지들끼리 잘 노는 것에만 해당이 되는 것이 아니다. 하지만 꽤 많은 보호자들은 강아지들과 잘 노는 것에만 사회화를 집중하는데, 잘 놀아야만 사회성이 좋은 것도 아니며, 놀지 않는다고 해서 사회성이 떨어지는 것도 아니다.

잘 노는 것처럼 보여도 우리 개가 어떤 방식으로든 타견에게 반복적인 피해를 끼치고 있다면 그것 역시 사회성 부족이라 할 수 있다. 타견의 거절과 불쾌한 표현을 읽지 못하고 일방적인 놀이로 몰아가는 것은 개들의 사회에서도 매너가 없는 행동이라 할 수 있기 때문이다. '이제 그만해줬으면 좋겠어.'라며 표현을 하는데 계속 놀자고 목덜미나 다리를 쪼는 행동을 하는 것은 결코 옳지 않다.

때문에 타견과 한 공간에 있을 때 보호자들은 내 강아지의 노는 모습에만 초점을 맞춰 볼 것이 아니라, 내 강아지와 함께 놀고 있는 타견도 즐거워하는지 관찰할 줄 알아야 한다. 잘 노는 듯한 모습의 이면에 상대 강아지는 최선을 다해 그만하라며 표현을 하고 있는 것일 수도 있고, 마지못해 내 강아지의 텐션에 맞춰 주며 놀고 있다가 멈추고 싶은 마음에 참다 참다 싫다는 표현을 하게 될 수 있다.

📍 TIP 인사 매너 셀프체크리스트

- ☐ 다른 강아지를 만나면 바로 상대견 얼굴 쪽으로 얼굴을 들이댄다.
- ☐ 다른 강아지를 만났을 때 전신의 냄새를 훑어서 맡는다.
- ☐ 다른 강아지의 생식기에 집착하여 오랫동안 냄새를 맡는다.

이처럼 타견을 배려하지 않는 일방적인 인사는 좋은 첫 인상을 주지 않고 불쾌감을 줄 수 있다. 사람 사이의 첫인 사에도 적당한 눈 맞추기와 악수를 하는 손의 힘에도 매너 가 있듯이 강아지에게도 올바른 인사법이 있기 마련이다.

- ☐ 얼굴을 다른 강아지의 목쪽에 올린다.
- ☐ 다른 강아지 몸 위에 앞발을 올린다.

'내가 너보다 우위에 있음을 알아라.'라는 표현의 행동 언 어이다. 첫인사부터 '눈 깔아라.' 식의 인사는 당연히 불쾌 감을 줄 수 있다. 이 인사에 불만 없이 굴복하는 타견을 만

낳을 경우 별다른 문제없이 지나갈 수 있겠지만, 이 거친 인사에 거부 표현을 하는 강아지라도 만나는 날에는 싸움으로 번질 수 있으니 주의해야 한다.

☐ 놀자고 표현할 때 다른 강아지의 신체 부위를 갑자기 쪼고 따라오라는 듯 뛰어간다.
☐ 상대 강아지가 놀 마음이 없는데도 반복적으로 쪼고 도망가는 행동을 반복한다.

개들 사이에서 어느 정도 주고 받을 수 있는 놀이일 수 있으나, 너무 반복적으로 자극하는 행위는 타견에게 불쾌감을 줄 수 있는 행동이다. 이 행동을 인간에 비유하면 친구의 뒷통수를 때리며 놀자고 하는 것과 비슷하다 할 수 있다.

내 강아지가 유난히 활동량이 많은 강아지라면, 자신의 즐거움을 위해 다른 강아지에게 피해를 끼치고 있지는 않은지 관찰을 해야 한다. 다른 강아지와 올바른 상호 작용을 하면서 활동할 수 있도록 지켜보고 지적하는 보호자가 되어야 한다. 세상 그 어떤 강아지도 타견의 불쾌한 행동을 감수해야 하는 강아지는 없다. 그리고 내 강아지의 안전을 위해서도 잘못된 행동들은 반드시 개선되어야 한다.

운이 좋게 내 강아지의 불쾌한 행동을 열 번 참아 주는 강아지를 만날 수 있지만, 어떤 날은 한두 번의 경고에도 못 알아 듣는 내 강아지를 향해 강한 거부 표현이 나올 수 있기 때문이다. 이런 경우 상해를 입거나 두 강아지의 싸움으로 번지게 될 수 있다.

✳

강아지 촉각 사회화
~~~~~~~~~~~~~

 자신의 강아지가 '예민하기'를 바라는 보호자는 없다.
하지만 의도치 않게, 강아지가 예민하게끔 기르는 보호
자들은 꽤 많다. 간혹 유치원에서 상담을 하다 보면, '지
가 사람인줄 알아요', '앉으라고 해도 푹신한 곳이 아니
면 잘 앉지도 않아요', '걷지 않고 안아 줄 때까지 매달려
요' 등등의 고민을 털어놓는 보호자들이 종종 있다.

 강아지의 이런 행동 자체에 불편을 호소하는 보호자들
이 대다수이지만, 우리 강아지는 사람처럼 챙겨 줘야 하
는 것들이 많고, 다른 강아지에 비해 까다로운 취향을 가

졌다며 약간 뿌듯해하는 보호자들도 간혹 있다. 사실 알고 보면, 결코 자랑스러워할 문제가 아니다.

강아지들은 강아지다운 행동과 활동을 할수록 건강한 삶을 살아갈 수 있는데, 사람이 무언가를 대신 계속 해주거나 도와주지 않으면 아무것도 할 수 없는 상태의 강아지는 수동적인 삶을 살아야 한다. 스스로 할 수 있는 것이 없다는 무기력에 갇힌 삶을 살아가게 된다. 어떤 일이든 강아지 혼자 해결할 수 있는 능력이 떨어지기 때문에 불안함을 쉽게 느낀다. 그래서 만성 스트레스, 질환을 가지기도 쉽다.

강아지로서 누릴 수 있는 것들은 생각보다 정말 많다. 간식 먹을 때와 보호자의 스킨십 외에도 행복감을 느낄 수 있는 것은 무수히 많지만 수동적인 강아지는 다른 것들을 접하는 것 자체에 어려움을 느낄 수 있기 때문에 그 행복을 골고루 누리기 어렵다.

'우리 강아지는 집에서는 잘 하는데, 밖에서는 잘 못해요' 와 같은 문제는 '집'과 '집이 아닌 환경'에서 일반화가 이루어지지 않고, 강아지가 느끼는 흥분도에 따른 집중력과 안정감이 다르기 때문에 발생하는 경우가 대부분이다. 하지만 지금 이야기하는 촉각 사회화는 '환경적인 경험'과 '보호자의 성향'을 따라가는 경우가 많다.

예를 들어, 집 밖의 경험이 부족한 강아지의 경우 아파트 복도에서부터 어려움을 겪을 수 있다. 집에는 미끄럼 방지 매트가 깔려 있고 푹신한 소파와 방석이 있는 반면, 현관문을 벗어나면서부터 익숙한 촉감이 아닌 매끈한 대리석을 밟고 지나가야 하기 때문이다.

강아지의 촉각 사회화는 보호자의 성향에 영향을 받기도 한다. 유독 깔끔한 생활을 하는 보호자의 경우 비가 온 후 축축한 바닥을 걷지 않게 하는 경우도 있는데, 때문에 강아지는 축축한 바닥의 경험 부재로 물이 고여 있는 공간은 걸을 수 없는 곳이라 판단하고 수동적인 자세로 보호자의 도움을 기다리게 된다. 물론 깔끔한 것을 좋아하는 보호자는 이 모습마저 뿌듯할 수 있지만, 흙바닥 낙엽 바닥에 구르고 비비며 다양한 냄새를 온몸에 묻혀볼 수 있는, 개답게 사는 강아지와 비교할 때 느끼는 행복은 다를 거라 생각한다.

나의 강아지는 비 온 날의 산책과 비 오는 반려견 운동장을 사랑한다. 그리고 비 오는 날의 반려견 운동장은 사실 내가 좋아하는 환경 중 하나이기도 하다. 불특정 다수의 강아지와 함께 운동장을 활보하는 것보다 개별 활동을 즐기는 내 반려견에 대한 배려이기도 하고, 비 오는 날의 질척이는 잔디에 한 마리의 하마처럼 진흙에서 구르는 걸 보면 나도 행복하다. 목욕은 별개의 노동이지만.

강아지도 지적 동물이기 때문에 편한 것과 그렇지 않은 것, 마음에 드는 것과 마음에 들지 않는 것을 구분하는 것은 당연하다. 축축한 것을 경험했어도 축축함을 좋아하리라는 법은 없다. 강아지도 취향이 모두 다르다. 하지만 '조금은 축축해도 괜찮아' 라는 경험을 긍정적으로 할 수 있도록 도와주는 것도 보호자의 중요한 역할 중 하나다.

강아지 산책의 의미 부여

열 번을 강조해도, 백 번을 강조해도 중요한 산책의 퀄리티. 하지만 산책의 방법을 모르면 당연히 어려울 수 있는 것 또한 강아지 산책이다. 그리고 산책은 그냥 걷는 것 이상으로 중요한 사회화 시간이기도 하다.

"우리 강아지가 산책할 때 짖어요."

"우왕좌왕 정신이 산만해요."

"줄을 너무 당겨서 켁켁 거려요."

산책할 때 보호자들이 호소하는 문제 행동은 조금씩 다르지만, 이 문제 행동들을 모두 따로따로 볼 필요가 없다. 아파트 저층에 사는 사람들은 산책 중 강아지가 짖는 소리를 많이 들어봤을 것이다. 하지만 집 주변에서 짖는 강아지도 정작 차를 타고 멀리 나가서 걸을 땐 대부분 짖지 않는다. 이처럼 강아지의 배타성은 집에서 멀리 떨어진 곳보다 집 근처를 산책할 때 더 높게 드러날 수 있다. 강아지의 입장에서의 산책은 산책이 아니라 집 주변을 보호자와 순찰한다고 생각하기 때문에 나의 집에서 가까운 곳일수록 강아지의 배타적 성향은 더 강하게 드러날 수 있는 것이다(보안이 잘 되어 있지 않은 과거에는 무리와 구역을 지키는 이러한 강아지의 본능이 집을 지키는 목적에 적합했었다).

강아지가 줄을 잡고 있는 보호자를 무리의 리더로 생각하고, 우리 무리의 안전을 온전히 보호자에게 맡길 수 있어야만 타견과 타인에 대한 경계를 줄일 수 있다. 강아지에게 산책이 순찰의 의미가 되지 않게 하기 위해서는 '우리 집 주변은 안전해, 다른 무리가 지나다닐 수는 있지만 우리에게 아무런 영향을 끼치지 않아.'라는 것을 강아지에게 제대로 전달할 수 있어야 한다. 그러기 위해서는 타견과 인사를 시키는 것도 자제하는 것이 중요하다.

지나가는 강아지와 사람들이 우리 무리 구성원도 아니

지만, 적(enemy)도 아니기 때문에 그냥 지나쳐 가면 된다. 즉, 우리의 관심 대상이 아니다.

딱 이 정도로 강아지에게 인식되는 것이 좋다.

강아지의 성장은 우리가 생각하는 것보다 훨씬 빠르게 진행된다. 이미 6개월이면 청소년기를 시작하는 나이기 때문에 아이 다루듯 하는 동안 내 강아지가 유년기에 익혀야 할 것들을 놓치게 될 수 있다. 5~6개월령에는 우리 가족과 가족이 아닌 대상을 서서히 구분하게 되는데 이것을 강아지의 '무리 근성' 이라 한다. 나의 무리와 무리가 아닌 것을 구분하기 때문에 당연히 무리 근성과 배타적 성향은 비슷한 시기에 함께 도드라지게 된다. 과거에는 이러한 강아지의 본능이 도움이 되는 시대에 살았다면, 지금은 강아지일 때부터 배타적인 성향을 줄이고자 다른 강아지들, 그리고 다양한 부류의 사람들을 접하게 하는 사회성을 기르기 위한 노력을 많이 하고 있다.

강아지가 산책할 때 갑자기 짖기 시작했다며 산책의 어려움을 호소하는 시기가 바로 강아지의 사춘기가 시작되는 무렵이다. 그리고 이때 어떻게 대처했느냐에 따라 문제 행동의 정도 차가 극명하게 갈리기도 한다. 강아지만 보면 너무 심하게 짖는 바람에 다른 강아지가 지나갈 때 자신의 강아지를 안아 올려서 눈까지 가리는 보호자들도 본 적이 있다. 처음에는 안아 올리는 행동이 강아지를 빠르게 진정시킬 수 있는 방법이었겠지만, 이러한 스킨십은 강아지에게 보호자의 조력을 받았다고 착각하게 되면서 안겨 있을 때 더 심하게 짖는 강아지로 발전되는 경우가 많다. 작은 문제를 해결하려다가 더 큰 문제를 불러오는 격이다. 생각해 보면 산책할 때 짖는 개들은 대형견보다 소형견의 비율이 높은 편인데, −물론 소형견을 반려하는 인구가 더 많기 때문에 상대적 비율일 수는 있지만,− 개인적인 생각으로는 안아 주기 좋은 사이즈와 무게의 소형견이 상대적으로 안 좋은 습관을 학습하기 좋은 조건을 갖춘 것도 어느 정도 영향이 있을 것이라 생각한다. 보호자의 과보호 및 불필요한 스킨십이 강아지의 문제 행동을 악화시킨다.

강아지의 높은 배타적 성향은 흥분도를 높이게 되고, 그 때문에 정신없이 이쪽저쪽 줄을 당기며 산만한 행동을 보일 수 있다. 이미 다녀간 강아지들의 흔적을 찾아 순찰하는 것에 목적을 두고 있기 때문이다. 이런 행동을 제한하기 위해서 강아지에게 끌려다니는 것이 아니라 보호자가 리드하는 산책을 해야 한다.

✳

마당이 있으면 강아지가 행복할까?

결론부터 이야기하면 마당을 가진 강아지라고 다 행복할 수 없다.

일차원적인 생각으로 매일 산책 나가는 대신에 넓은 마당에 자주 풀어 주면 더 좋은 게 아닌가? 하는 생각도 할 수 있고, 산책도 나가고 마당도 있으면 더 더 좋은 게 아닌가? 라고 생각할 수 있지만, 현실은 그렇지 않다.

오늘 처음 접한 마당은 산책을 대신할 수 있다. 새롭기 때문에 산책을 하듯이 호기심을 가지고 공간을 탐색하며 긴 시간을 보낼 것이다. 하지만 그 마당이 오늘, 내일,

내일모레, 그리고 앞으로 우리 집의 마당이 되어 버리면 더 이상 새로운 산책이 아니게 되고, 그냥 우리 집의 일부가 되어 버릴 것이다. 그럼 이게 왜 문제가 될까?

쉽게 이야기해서 개에게 일상 공간이 늘어났다는 건 지켜야 하는 공간이 더 늘었다는 것과 동일하다.

집이라는 실내 공간은 강아지들에게 반복된 학습으로 '현관문만 지키면 우리 집은 안전하다.'라고 인식되어 있지만(실내에서 경계하며 짖는 행동은 대부분 현관문 주변에서 일어나는 것을 보면 알 수 있다), 사방이 펜스로 둘러 있는 마당은 지나가는 사람, 자동차, 고양이, 떠돌이 강아지까지 훤히 보이는 구조일 것이다. 처음에는 지나는 사람을 보고 반갑다고 했던 강아지도 점점 이 공간이 집의 일부로 인식되어 가는 시점에 경계를 시작하게 된다.

물론 모든 개에게 해당되는 것은 아니지만 무리 근성이 강한 강아지나, 가족 내에서 주도권이 강아지에게 있는 경우 특히 이런 행동을 보이기 쉽다. 무리 근성이 강하다는 것은 가족 외의 것들에 배타적인 행동을 보이는 것을 의미하는데, 주로 경계적으로 짖거나 공격적인 모습으로 배타성을 표현하게 된다. 사실 개의 이 고유한 특성은 우리가 보안이 취약한 주택이나 담장이 낮은 구조의 집에 거주할 때 집을 지키는 목적으로 유용했던 시절도 있었다.

아파트에 거주하는 경우에도 강아지들은 베란다에서 밖을 내다보고 짖는 경우도 있고, 복도식 아파트에서 지나는 발소리에 예민한 경우도 이와 비슷한 원리이다. 하지만 이것의 공통점은 보호자와 함께 있을 때 더 많이 발동한다는 것.

혼자 있을 때 베란다를 보고 짖거나 복도에 지나는 발소리에 짖기보다는 대개 보호자와 함께 있을 때 베란다 밖의 소음과 발소리에 경계를 더 보이게 되는데, 이것은 가족 내 주도권이 강아지에게 있음을 의미함과 동시에, 보호자가 강아지의 강력한 조력자임을 의미하는 것과 같다.

✳

이래도 자동 리드줄 쓰실 건가요?

나는 자동 리드줄 헤이터이다. 자동 리드줄을 처음 봤을 때부터 '아…, 이건 좀 아닌데.'라는 생각이 곧바로 들었는데, 첫 번째 이유는 내 강아지의 안전을 책임질 수 없어서다. 리드줄이라는 것은 안전이 보장되어야 하는데 내 강아지의 안전을 책임질 수 없다면 그건 리드줄의 원초적인 목적에 맞지 않는 것이다.

자동 리드줄에는 다양한 체급을 감당할 수 있도록 7kg까지 커버가 되는 제품, 많게는 60kg까지 커버되는 대형견 전용 자동 리드줄도 있다. 브랜드 이름을 걸고 장수하고 있는 제품들이 있듯이 대부분 그 무게에 맞게 안전성은 어느 정도 보장되는 잘 알고 있으나, 문제는 그 자동 리드줄을 조작하는 이가 '사람'이라는 것이다. 그런 말이 있지 않은가. '사람이 하는 일이라 실수가 있을 수 있어요, 고객님.'

약 6년 전만 하더라도 3m 정도의 자동 리드줄이 긴 편에 속했는데 쇼핑몰에 검색을 해 보니 이젠 8m도 시중에 판매되고 있었다. 아니 대체…, 8m짜리 자동 리드줄 가지고 뭘 하려는 걸까.

물론 나도 자동 리드줄의 장점은 잘 알고 있다. 나 역시도 자동 리드줄이 보편화되어 있지 않던 시절, 강아지를 데리고 인적이 드문 외곽에 나가(펜스가 둘러져 있지 않은 곳에서 반 오프리쉬를 위한 목적으로) 특수 제작한 11m짜리 로프를 강아지에 걸고 원반놀이나 공놀이를 즐긴 적도 있다. 이때 가장 번거로웠던 것은 바닥에 질질 쓸리는 로프 덕분에 로프를 회수했다가 풀어야 하는 수작업으로 손에 흙먼지가 묻는 것이었다.

어느 날 유치원에 분실물로 방치되고 있던 자동 리드줄을 가지고 넓은 부지에서 사용해 보니 이 맛에 자동 리드줄을 사용하는구나 싶기도 했었다. 하지만 자동 리드줄의 역할은 딱 여기까지인 것이 좋은 것 같다는 생각도 동시에 들었다.

자동 리드줄의 장점은 보호자와 강아지의 '해방감'이다. 언제나 펜스가 둘러진 반려견 운동장 같은 곳이 있는 것이 아니니, 강아지도 짧은 리드줄을 벗어나 뛰어 볼 수 있고 보호자도, 지나는 사람도 없이 탁 트인 공간에서는 뛰어노는 반려견을 보고 해방감을 느낄 수 있기 때문이다. 하지만 안전이 보장되어야 하는 도심 산책에서 '해방감'은 있어서는 안 된다. 그런데 많은 보호자들은 자동 리드줄을 도심에서 주로 사용하고 있다.

자동 리드줄을 사용하면 안 되는 곳은 특히, 인도가 도로에 인접하고 있는 도심의 대부분, 그리고 다른 강아지들이 산책 나오는 공원과 아파트 인근이다. 당연히 차가 지나는 곳을 산책할 때 대부분 줄을 짧게 조정하여 산책하겠지만 긴급할 때는 빠르게 대처가 불가능할 것이다. 특히 자동 리드줄의 락(lock)이 풀려 있는 상태에서는 강아지가 가는 방향으로 줄이 계속 늘어나기 때문에 즉각적인 대처가 어렵고, 강제로 줄을 당기는 과정에서 손에 찰과상을 입는 일도 흔하다.

그렇다면 강아지들이 자주 산책하는 곳에서는 자동 리드줄의 사용이 왜 문제가 될까. 자동 리드줄을 1.2~1.5m 내외로 맞춰 놓고 산책하는 사람들은 당연히 없을 거라 생각한다. 그 길이로 사용할 거면 굳이 비싸고 무거운 자동 리드줄을 사용할 필요가 없기 때문이다. 강아지 산책 시 자동 리드줄을 사용하는 사람들의 용도와 심리에는 강아지들끼리 인사시키려는 목적도 어느 정도 있을 거라 생각한다(물론 그렇지 않은 사람도 있다). 멀리서 다른 강아지가 내 쪽으로 다가오는 것이 보이면 줄의 길이를 줄이는 것이 아니라 lock을 풀어 내 강아지가 저쪽에 있는 강아지에게 가게끔 하는 이상한 용도로 사용하고 있는 것은 한국에서 특화된 자동 리드줄 문화라고 할 수 있다. 번거롭게 "강아지 인사 시켜도 될까요?"라고 물어 볼 필요도 없고 '강아지가 자신의 의지로 갔기 때문에 나는 잘못이 없다.'라는 뻔뻔한 논리가 합리화되는 시점이기도 하다. 상대 강아지가 싫다는 표현을 하면 줄을 당겨서 오게 해야 하는데 되레 인사하러 온 강아지를 거부한 상대 강아지가 나쁜 강아지가 되어 버리는 아이러니한 상황은 덤이다.

리드줄은 내 강아지의 안전을 위해서 적정 길이로 사용

해야 하고, 그 적정 길이는 타견이 지나갈 때 피해를 주지 않는 약속된 거리이기도 하다. 하지만 자동 리드줄을 풀어 강아지를 멀리 보내기만 하고, 줄의 길이를 줄여야 할 때는 손이 베일 염려와 줄이 미끄럽기 때문에 얇은 테이프 줄을 당길 수 없어 사람이 강아지에게 뛰어가야 하는 상황 등, 나는 두 번, 세 번 생각을 해 봐도 산책 시 자동 리드줄의 장점을 찾을 수가 없다. 특히 자동 리드줄은 강아지 산책 교육을 하고 있는 가정이라면 제일 경계해야 하는 대상이다.

✳

양치기 소년 보호자가 되지 마세요

말이 통하지 않는 강아지와 사람 사이에 가장 중요하게 작용하는 것은 당연 '신뢰'이다. 우리 보호자가 날 지켜 줄 거라 생각하기 때문에 강아지는 보호자를 평생을 믿고 따른다. 새로운 위탁 공간에 위탁에 되어도 이곳에 있는 선생님들이 나에게 해를 끼치지 않는다는 최소한의 믿음이 있기 때문에 처음 보는 사람에게도 서서히 마음을 열게 되는 것이다.

말이 통하는 사람과 사람 사이에도 신뢰 관계가 제일 중요한데 말이 통하지 않는 강아지는 오죽할까.

고마워복실아 위탁 공간에는 중요한 룰이 몇 가지가 있는데, 그 중에 하나는 '믿음'이라고 할 수 있다. 단순하게 생각했을 때 '뭐 별거 없네.' 라고 생각할 수 있겠지만, 수십 마리의 강아지를 동시간에 돌보는 일을 매일 하는 우리에게 사실 그리 쉬운 일이 아닐 때가 있다. 조금 쉽게 일을 하고 싶은 마음에 하나하나의 과정을 건너뛰고 싶은 유혹도 있지만(특히 같은 과정을 연달아 수십 마리 해야 할 때), 다른 강아지와의 평등을 지켜 줄 거라는 강아지의 눈빛을 저버릴 수 없기도 하거니와, 지금 당장을 무마하기 위해서 과정을 줄이는 것보다 한 마리 한 마리와의 관계가 중요하기 때문에 속이는 일은 절대 없도록 하고 있다.

예를 들어, 빗질을 싫어하는 강아지, 귀 청소를 싫어하는 강아지가 있다고 하자. 선생님이 빗을 들고 이 강아지를 부른다. 강아지는 정말 빗질이 하기 싫어도 선생님의 부름에 오는데, 이것은 선생님이 무서워서 억지로 오는 것이 아니라, 이전부터 꾸준히 신뢰를 쌓았기 때문에 가능한 것이다. 분명히 싫어하는 빗질이지만 선생님도 최대한 강아지를 배려하며 빗질을 하도록 하고 강아지에게 최대한 보상과 칭찬을 하면서 진행하기 때문에 강아지도

'저번처럼 보상이 있는 빗질이겠지. 마냥 싫은 것은 아닐 거야.' 하며 스스로 오게 되는 것이다. 빗이나 칫솔을 들면 좋아서 달려오는 친구들도 많다. 이것을 꾸준히 유지하기 위해서는 강아지가 머릿속에 기대하고 온 그것을 그대로 선생님도 실천해 줘야 하는데 그것이 고마워복실아의 가장 기본인 '믿음'이다.

간혹 효과적으로 사진을 찍기 위해 간식 봉지를 막 흔들어 강아지들을 집중시키고 사진만 찍고 주지 않는 업체나 보호자도 있는데, 정말 단순한 행동이지만 이것은 강아지에게 신뢰를 잃을 수 있는 아주 빠른 지름길이다. 왜냐하면 이 행동은 분명 한 번에 끝나지 않고 일상생활에서도 이 상황과 비슷한 것들이 많을 것이기 때문에 탄탄한 신뢰 관계가 쌓이기 어려울 수 밖에 없다. 잠깐 편하고자 했던 행동에서 생기는 이 불신은 다른 상황에서도 강아지에게 사람이 자신을 속일 것이라는 인식을 주게 된다.